BEATRIX SCHULTE WIEN
IRINA KELLER

Osteopathie — für Pferde

WISSEN, SPÜREN, BEHANDELN

MIT KOSMOS MEHR ENTDECKEN

Handgriff-techniken — selbst anwenden

SEIT 1822

KOSMOS

☞ *Inhalt*

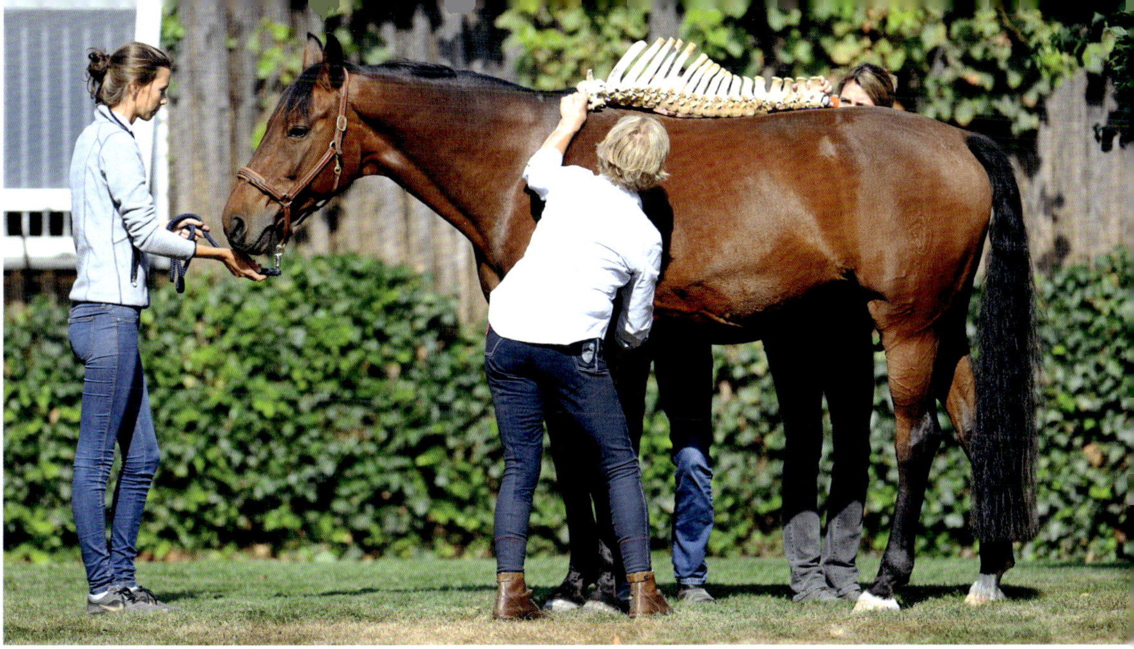

ZU DIESEM BUCH

Liest man klassische Pferdebücher oder Reitlehren, wird das Pferd gewöhnlich als der enge Partner des Menschen dargestellt, als Lebensgarant seines Reiters, der wichtiger war als jeder Landbesitz: „... ein Königreich für ein Pferd". Von den Skythen, einem Reiternomadenvolk aus dem 6. Jahrhundert vor unserer Zeitrechnung, ist der Brauch bekannt, die Pferde neben ihrem Herrscher zu bestatten. So genießt das Pferd einen besonders hohen Wert in der Geschichte der Menschheit.
Die Wandlung und die Entwicklung der Gesellschaft machten auch vor den Pferden nicht halt. In der Zeit der Entstehung der Osteopathie, die in den Vereinigten Staaten um die Mitte des neunzehnten Jahrhunderts liegt, war das Pferd eine feste ökonomische Größe. Es diente als Fortbewegungs- und Transportmittel (Kutsche oder Pferdeomnibus) im Straßenverkehr der Großstädte. Auch der Landarzt war auf das Pferd angewiesen, ohne das er nicht zu seinen Patienten kommen konnte. Pferde wurden in der Landwirtschaft und beim Militär, aber auch als Grubenpferde eingesetzt. Hier erblindeten viele, weil sie Tag und Nacht im Dunkeln verbrachten.
Besinnen wir uns zurück auf die Zeit des 19. Jahrhunderts, als Dr. Andrew Taylor Still die Humanosteopathie entwickelte. Wie ging es den Pferden damals?

PFERDE IM EINSATZ

Knapp zwölftausend Pferde und Maultiere beförderten mehr als einhundertsechzig Millionen Passagiere in den New Yorker „horsecars", in Paris, London, Berlin, in allen Großstädten Europas. Kaum vorstellbar, mit wieviel Pferdemist und Pferdeurin die Städte in damaliger Zeit zu kämpfen hatten. Um 1900 hinterließen die Pferde in New York täglich 1 100 Tonnen Mist und 270 000 Liter Urin. Immens auch das Fliegenaufkommen und die Geruchsentwicklung in den Städten. Auch mussten jeden Tag bis zu 20 Pferde abtransportiert werden, die durch Unfälle oder Erschöpfung zu Tode gekommen waren. Wenn heute berechtigterweise beklagt wird, dass das Durchschnittsalter eines Pferdes bei 8,4 Jahren liegt, muss man sich vor Augen führen, dass im 19. Jahrhundert die Omnibuspferde mit fünf Jahren eingesetzt wurden und eine durchschnittliche Lebensdauer von zehn Jahren hatten. Trampferde hielten nur vier Jahre durch.
Die Muskeln, Sehnen und Bänder, Gelenke und Hufe der Pferde waren so sehr belastet, dass sie nur wenige Jahre ihren Dienst verrichten konnten. Zwischen 1 800 und 7 000 Pferde wurden jährlich in New York von Veterinären erschossen, um sie von ihrem tierquälerischen Schicksal zu erlösen, so die Statistik der American Society for the Prevention of Cruelty to animals (1887 – 1897). Auch die Unfallstatistik der Pferdemobilität muss man sich vor Augen führen. Um die Wende vom 19. zum 20. Jahrhundert geht man von 750 000 Unfällen und ernsten Schäden aus. Massenkarambolagen, bei denen Menschen und Pferde zahlreich zu Tode kamen, waren keine Seltenheit. Der Ausdruck „gerädert" stammt aus dieser Zeit. Man stelle sich die engen Boulevards der Großstädte mit einem Strom von Menschen und einer Masse von Pferdefahrzeugen vor, die die Straßen verstopften. Aus dieser Situation heraus wurden die Trottoirs als Sicherheitsmaßnahme für Fußgänger gebaut, damit die Passanten nicht so schnell „gerädert" wurden. Tausende der edlen Geschöpfe Pferd endeten elendig in dieser Zeit, unter unsäglichen Schmerzen.

PFLICHT UND FREUDE

Warum schildere ich diese Zustände als Einleitung eines Pferde-Osteopathie-Buches? Kurz bevor ich mit den Aufzeichnungen für dieses Buch begann, habe ich das historisch äußerst akribisch recherchierte Werk von Prof. Ulrich Raulff „Das letzte Jahrhundert der Pferde" gelesen, in dem er diese erschütternden Zustände aufführt. Weil den Pferden meine allergrößte Hochachtung gehört und weil ich diese friedfertigen und freundlichen Geschöpfe wirklich liebe, liebe ich auch meine Arbeit, bei der ich mit meinen Händen so oft unmittelbar helfen kann und die Pferde sich ebenso oft unmittelbar durch ihr Verhalten bedanken.

Mein Tun ist mir Pflicht und meine Pflicht ist mir Freude. Das hat niemand so treffend ausgedrückt wie der bengalische Dichter und Philosoph Tagore: „Ich schlief und träumte, das Leben wäre Freude. Ich erwachte und sah, das Leben war Pflicht. Ich handelte und siehe, die Pflicht ist Freude."

OSTEOPATHIE

— *Die Grundlagen*

GESCHICHTE DER OSTEOPATHIE

Zur gleichen Zeit als Tagore, der erste asiatische Literaturnobelpreisträger, in Indien lebte, wirkte der Begründer der Osteopathie, Dr. Andrew Taylor Still, in Nordamerika. Sein Vater war Methodistenpfarrer und übernahm neben seiner seelsorgerischen Tätigkeit auch die medizinische Versorgung der Indianer im nahegelegenen Reservat. Andrew half seinem Vater bei dieser Arbeit und zeigte schon damals ein besonderes Interesse an der Anatomie. 1860 vervollständigte er seine Ausbildung zum Arzt an der Schule für Medizin und Chirurgie in Kansas.

Neben seiner Tätigkeit als Arzt musste er sich seinen Lebensunterhalt als Farmer verdienen. Da zur Farmarbeit auch die Reparatur von Landmaschinen gehörte, stammt wohl auch aus dieser Zeit sein Vergleich zwischen Osteopathie und Mechanik.

Eine Maschine funktioniert nur dann einwandfrei, wenn jede Schraube, jedes Zahnrad und jedes Teil der Mechanik sich entsprechend bewegen kann. Ist nur ein Rädchen blockiert, blockiert die gesamte Funktion.

Im DIPO werden Jahr für Jahr viele Menschen in der Pferde-Osteopathie ausgebildet.

So muss ein Osteotherapeut bei der Behandlung des Patienten vorgehen und jede einzelne anatomische Struktur mit seinen Händen erfühlen und auf ihre Funktion hin überprüfen.

EINE NEUE HEILMETHODE

Still begann, aus dieser Sichtweise heraus Patienten zu behandeln. Anfangs wurde er deshalb auch von der eigenen Familie angefeindet. Er hatte aber eine große Abneigung gegen Arzneimittel, von denen es damals nur wenige gab (die Behandlung erschöpfte sich meist in der Whisky-Therapie, die hauptsächlich zur Betäubung von Schmerzen und z. B. bei Amputationen eingesetzt wurde). Still beschäftigte sich intensiv mit der Weiterentwicklung seiner neuen Heilmethode und verstand allmählich, dass viele Krankheiten und Beschwerden von eingeschränkten Beweglichkeiten verursacht wurden.

OSTEOTHERAPEUT UND OSTEOPATH

Der Begründer der Osteopathie, Dr. Andrew Taylor Still, prägte den Begriff Osteopath, der wörtlich übersetzt „der Knochenkranke" oder „der an den Knochen Leidende" heißt. Analog der Begriffe „Psychotherapeut" – „Psychopath" ist die korrekte Bezeichnung für den mit den Händen Therapierenden „Osteotherapeut". Im Verlauf des Buches wird deshalb die Bezeichnung „Pferde-Osteotherapeut" verwendet.

Er erkannte, dass die Bewegungseinschränkungen nicht nur von „blockierten" Muskeln und Gelenken herrührten, sondern auch von Bewegungsverlusten innerer Organe und anderer Gewebe. Seine therapeutischen Erfolge waren nicht von der Hand zu weisen. Nachdem er den amerikanischen Präsidenten Roosevelt erfolgreich behandelt hatte, wurde seine „Osteopathie-Methode" nach dem ersten Weltkrieg in den USA offiziell als Heilmethode anerkannt. Sie erreichte dann über England und Frankreich auch Deutschland. In den 1980er Jahren wurde das Konzept der Osteopathie erstmals durch den französischen Tierarzt Dominique Giniaux vom Menschen auf das Pferd übertragen.
Nach Deutschland kam die Pferde-Osteopathie durch die Zusammenarbeit der beiden Physio- und Osteotherapeuten Beatrix Schulte Wien und Pascal Evrard. Auf ihrem Elternhof im westfälischen Dülmen gründete Beatrix Schulte Wien 1997 die erste Fortbildungsstätte für Pferde-Osteotherapeuten, das „Deutsche Institut für Pferde-Osteopathie – DIPO".

DAS OSTEOTHERAPEUTISCHE PRINZIP

A. T. Still lehrte, dass ein Lebewesen nur dann gesund bleiben kann, wenn sich alle Körperpartien im physiologischen Bereich bewegen. Kommt es zu Bewegungseinschränkungen, werden Kompensationsmechanismen in Gang gesetzt, die zu Fehl- oder Überbelastungen führen. Diese werden aber nicht zwangsweise am Ort des Schmerzes liegen, sondern sie können sich in weiter entfernt liegenden Körperbereichen befinden.

Es ist die Aufgabe des Osteotherapeuten, diese sogenannten Ursprungsläsionen aufzufinden und zu beseitigen.

Dieses osteotherapeutische Prinzip wurde in vier Lehrsätze zusammengefasst:

1. ABHÄNGIGKEIT VON STRUKTUR UND FUNKTION

Der Körper bildet eine Einheit, in der die Strukturen (Muskeln, Sehnen, Faszien, Bänder, Knochen, Gelenke) und deren Funktion voneinander abhängig sind.

Entwickelt sich beispielsweise beim Pferd durch den Verschleiß des Strahlbeins eine Entzündung der Hufrolle (Struktur), wird die Folge eine Bewegungsveränderung/Lahmheit (Funktion) der vorderen Gliedmaße sein, die

Alle Körpergewebe und Organe bilden eine Einheit. Ist nur ein Teil gestört, leidet das ganze System.

sich im Laufe der Zeit auch auf den Rücken auswirkt. Man kann das Beispiel auch auf einen hinkenden Menschen übertragen, der eine Bewegungseinschränkung im Fußgelenk hat. Er wird früher oder später vermutlich Rückenschmerzen bekommen.

2. DIE ARTERIELLE REGEL

Mit der Formulierung der arteriellen Regel hat Still die Wichtigkeit der Durchblutung des gesamten Körpers erkannt. Würde man alle unsere Blutgefäße, inklusive der kleinsten Verzweigungen, der Kapillaren, aneinanderreihen, ergäbe das ein Gefäßsystem von 50 000 Kilometern. Damit könnte sich jeder Mensch einmal um den Erdball schlingen.
Die kapillaren Blutgefäße der Arterien sind so klein, dass aus ihnen nur noch ein rotes Blutkörperchen in das Bindegewebe hinaustreten kann. Führt man sich dieses Bild vor Augen, wird schnell klar, welches Blutversorgungsdefizit eintritt, wenn ein Pferd z. B. gestürzt ist und sich einen großen Bluterguss zugezogen hat. Dieses Blut läuft in das umliegende Gewebe. Schafft der Körper es nicht, die Menge alsbald abzutransportieren und auszuleiten, wird das Sekret in dieser Region verkleben. Durch dieses Verkleben verliert das Gewebe seine Bewegungsfähigkeit.
Alle Maßnahmen einer osteo- und physiotherapeutischen Behandlung zielen also darauf ab, die unterschiedlichen Gewebe des Körpers wieder beweglich zu machen, damit der An- und Abtransport des Blutes mit seinen Nähr- bzw. Abfallstoffen ungehindert erfolgen kann.
Das Gleiche gilt auch für die Nerven, die nur dann ihre Impulse ungehindert leiten können, wenn sie nicht unter zu viel Druck oder Zug stehen. Es ist also leicht sich vorzustellen, zu welch dramatischer Unterversorgung es in einem Gewebe kommt, dass derartige Verklebungen oder Verhärtungen aufweist. Auch Narben haben die Eigenschaft, in ihrer Umgebung fest zu sein und damit in dieser Region eine Unterversorgung des Gewebes zu erzeugen. Muss das Pferd dennoch ganze Arbeit leisten (Dressur, Springen, Geländeritte, Kutsche ziehen etc.), wird es in diesen Regionen viel eher als in normal versorgten Muskeln zu Schmerzen kommen.

MYOGELOSE = MUSKELGELEE

Die Bezeichnung Myogelose = Muskelgelee beschreibt genau diesen Zustand der verklebten Muskelfasern. Bedingt durch diese Verklebungen ist der Transport der Blutplättchen und seiner Wirkstoffe zu den Zellen behindert, weil das Milieu des Bindegewebes nicht mehr flüssig und durchlässig, sondern eben verklebt ist. Es kann weder die Ernährungszuführung zu den Zellen noch der Abtransport der Abfallprodukte aus dem Zellstoffwechsel genügend erfolgen. Man kann sich leicht vorstellen, dass das Gewebe regelrecht vermüllt und Stoffwechselstörungen auftreten. Auch die Hormone und Nervensignale, die über diesen Weg transportiert werden, sind eingeschränkt.

3. DER KÖRPER ALS EINHEIT

Die dritte osteotherapeutische Regel besagt, dass alle Körpergewebe und Körpersysteme eine funktionelle Einheit bilden, gleich einem mechanischen Uhrwerk. Klemmt ein einziges Rädchen im System oder ist nur eine Zacke am Zahnrad verbogen, leidet der gesamte Mechanismus.

4. SELBSTREGULATIONS- UND SELBSTHEILUNGSFÄHIGKEIT DES KÖRPERS

Mit diesen Begriffen bringt A. T. Still seine von Demut geprägte Haltung als Therapeut zum Ausdruck. Nicht er heilt den Menschen, sondern er gibt mit seinen Händen Reize, auf die der Körper reagiert.
Normalerweise hat ein gesund funktionierender Körper die Fähigkeit, Störungen wie Infektionen oder Verletzungen aus eigener Kraft heraus zu bekämpfen. Sind aber die Selbstregulationsmechanismen gestört oder überlastet, weil Gelenke blockiert sind, Narben,

muskuläre, bindegewebige oder ähnliche Veränderungen vorliegen, muss ein Therapeut hinzugezogen werden. Dieser kann nur helfen, wenn der Patient – Mensch oder Tier – noch über genügend Energie verfügt, um auf die osteotherapeutischen Reize zu reagieren. Es liegt in dem Geschick und der Verantwortung des Therapeuten, die Reize dem jeweiligen Patienten anzupassen.

DIE OSTEOPATHISCHE LÄSION

Unter der osteopathischen Läsion versteht man ganz allgemein eine Bewegungseinschränkung. Diese kann sowohl in der Muskulatur, im Bindegewebe (zu dem auch die Faszien gehören), in den Gelenken, Gelenkkapseln, Knochen, Bändern, Sehnen, aber auch in den inneren Organen und in den Hirnhäuten liegen.
Für den Osteotherapeuten ist es nicht nur wichtig, das Bewegungsausmaß zu testen, sondern auch die Bewegungsqualität und den Endpunkt der Bewegung. Er wird als „Endgefühl" bezeichnet und in „weich elastisch", „fest elastisch" und „hart elastisch" eingeteilt. Keineswegs handelt es sich bei einer Bewegungseinschränkung oder Bewegungsblockade um ein ausgerenktes Gelenk. Ein ausgerenkter Wirbel wäre bei einem Pferd ein hochschmerzhafter, lebensbedrohlicher Zustand, der nicht von einem Osteotherapeuten behandelt werden könnte.
Ob solch ein Pferd überhaupt noch zu therapieren ist, obliegt der Entscheidung des Tierarztes. Man sieht dem Gelenk die Blockierung nicht an, deshalb ist sie nicht über ein Röntgenbild oder eine Computer-Tomographie zu diagnostizieren. Eine Gelenkblockierung kann nur über die Bewegungsuntersuchung festgestellt werden.

Eine Gelenkblockierung kann nur über eine Bewegungsuntersuchung festgestellt werden.

BEHANDLUNGSEBENEN

Im Unterschied zur Physiotherapie oder Chiropraxis vollzieht sich die osteotherapeutische Untersuchung und Behandlung auf drei Ebenen:

1) Parietale Ebene (Muskeln und Gelenke)
2) Viszerale Ebene (Innere Organe)
3) Kraniosakrale Ebene (Verbindung durch Hirnhäute vom Schädel bis zum Kreuzbein)

Parietale Behandlung Bei der parietalen Ebene handelt es sich um die Untersuchung und Mobilisierung u. a. von Muskeln, Faszien und Bindegewebe sowie den Gelenken, der Gliedmaßen und der Wirbelsäule.

Viszerale Behandlung Mit den viszeralen Handgrifftechniken werden die inneren Organe mobilisiert (Viszera = innere Organe). In den Anfängen der Pferdeosteopathie wurde gelehrt, dass die inneren Organe mit Handgrifftechniken nicht erreicht werden können. Die intensive Auseinandersetzung mit osteotherapeutischen Handgriffen hat aber dazu geführt, dass mittlerweile über indirekte Techniken sehr wohl mobilisierende Impulse auf die inneren Organe des Pferdes ausgeübt werden können.

Kraniosakrale Behandlung Unter der kraniosakralen Ebene ist die Verbindung vom Kopf (Kranium) zum Kreuzbein (Sakrum) zu verstehen. Die verbindende Struktur ist die Hirnhaut (Dura mater). Sie kleidet von innen den gesamten Schädel aus, tritt am Hinterkopf mit dem Rückenmarksstrang aus, ummantelt diesen und zieht mit ihm durch den gesamten Wirbelkanal hinunter bis zum Kreuzbein.

Im Bereich des Wirbelkanals ist die Hirnhaut sehr beweglich. Angeheftet ist sie nur oben am Hinterkopf und unten am Kreuzbein sowie mit feinen Fasern im Rückenmarkkanal. Zwischen zwei Wirbeln befindet sich jeweils ein „Knochenloch“, aus dem einzelne Nerven des Rückenmarkstrangs austreten und in unterschiedliche Körperregionen ziehen. Die austretenden Nerven sind manschettenartig von der Hirnhaut umgeben. Bei jeder Bewegung, die die Wirbelsäule durchführt, muss der Nerv ungehindert über dieses Knochenloch hinein- und herausgleiten können. Es handelt sich um sehr feine Bewegungen, die aber gerade deshalb nicht behindert sein dürfen. Auch die Anheftungen der Hirnhäute an der Innenseite des Schädels erfolgen so, dass sich die einzelnen Schädelknochen noch bewegen können. Der Schädel ist also keineswegs ein Verbundknochen, sondern er besteht aus 29 einzelnen Kochen, die zahnradartig miteinander verbunden sind und die sich in einem bestimmten Rhythmus bewegen. Dieser Rhythmus ist neben dem Herzschlag und der Atmung der dritte autonome Rhythmus im Körper. Er unterliegt also nicht unserem Willen, ist aber von essentieller Bedeutung, weil er unter anderem die Gehirnflüssigkeit transportiert, die im Gehirn gebildet wird und ständig Gehirn und Rückenmark umspült.

Setzen sich, z. B. bedingt durch einen Sturz und ein Aufschlagen mit dem Kopf, Schädelknochen fest, kann es durch diese oben beschriebene Verbindung zu Kreuz-Darmbein-Gelenkproblemen kommen. Auch Infektionen spielen sich immer über das Rückenmark ab, und auch dadurch kann es zu Veränderungen im kraniosakralen System kommen. Zur Wiederherstellung der physiologischen (natürlichen) Rhythmen im Körper ist es also unerlässlich, auch die kraniosakralen Strukturen in die osteotherapeutische Behandlung einzubeziehen.

Der Schädel besteht aus 29 einzelnen Knochen, die hier farbig dargestellt sind.

DAS RÜCKENMARK

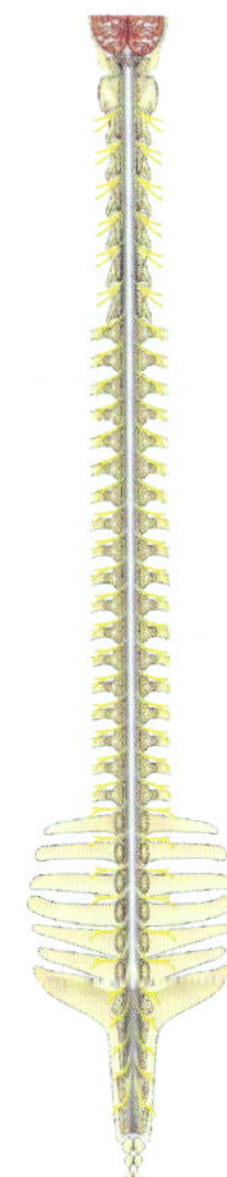

Die aufgeschnittene Wirbelsäule zeigt den Verlauf des Rückenmarks vom Kopf bis zum Kreuzbein sowie die Austrittsstellen der Nerven an den einzelnen Wirbeln.

DIE OSTEO-THERAPEUTISCHE *Behandlung*

ABLAUF EINER BEHANDLUNG

Bevor mit der Untersuchung und Behandlung des Pferdes begonnen wird, ist zunächst die Vorgeschichte aufzunehmen. Da die zu behandelnden Pferde in der Regel nicht von Fohlenbeinen an im Besitz des Reiters sind, liegen erlittene Verletzungen und traumatische Erlebnisse des Pferdes aus früheren Jahren oft im Dunkeln.

Während der Untersuchung und Behandlung stößt man häufig auf zähe Bewegungseinschränkungen, vornehmlich am Hals und im Brustbereich sowie am Übergang von der Lendenwirbelsäule zum Kreuzbein. Auch deutliche Narben, Gewebeverquellungen oder Gewebeeinziehungen, die dem Reiter/Besitzer bisher nicht bewusst waren, werden als „Bewegungseinschränker" ausgemacht.

Nachdem alles genau bedacht, besprochen und notiert ist, wird das Pferd – nur aufgehalftert – auf hartem, ebenem Boden zunächst im Schritt, dann im Trab vorgeführt. Der Therapeut beurteilt den Bewegungsablauf von hinten, vorne und von der Seite. Insbesondere achtet er darauf, ob sich die Gliedmaßen taktrein und geregelt bewegen und ob die Hinterhufe in der Spur der Vorderhufe fußen.

Gleichzeitig wird überprüft, ob das Pferd plan fußt und abrollt, ob eine Seitenwandfußung vorliegt oder eine oder mehrere Gliedmaßen in Innen- oder Außenrotation aufgesetzt werden, ob der Bewegungsablauf bügelnd oder schnürend ist. Auch die Beurteilung der symmetrischen Bewegung der Kruppe beim

Beim Vorführen des Pferdes kann die aufmerksame Therapeutin den Bewegungsablauf beobachten und beurteilen.

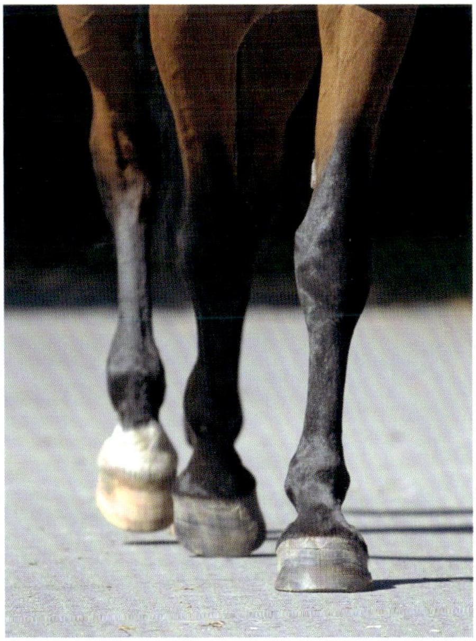

Das Pferd setzt den Huf zuerst mit der äußeren Wand auf. Die gesamte Vordergliedmaße ist nach innen rotiert.

Die eingezogene Narbe an der rechten Halsseite im Bereich des Armkopfmuskels ist deutlich sichtbar und sollte genauer betrachtet werden.

Schritt und Trab, das Pendeln und die Haltung des Schweifes sowie die Bewegung des Bauches fließen in die Betrachtung ein.

VORUNTERSUCHUNG

Die Untersuchung und Behandlung sollte in ruhiger, für das Pferd angenehmer Umgebung und auf rutschfestem Untergrund, z. B. in der Reit- oder Longierhalle stattfinden. Auf keinen Fall darf das Pferd angebunden sein, sondern sollte von seinem Betreuer locker am Strick gehalten werden.
Es ist ganz natürlich, dass sich das Pferd neugierig nach den Griffen des Behandlers umschaut und ihn konzentriert wahrnimmt. Auch wenn das Pferd zu Beginn skeptisch ist, wird es sich bald mehr und mehr entspannen, weil es spürt, dass zwar sichere Handgriffe erfolgen, die Bewegungen aber nicht schmerzen, sondern ganz im Gegenteil durch Wiederholungen ein angenehm lockeres Gefühl entsteht.

Vom Huf- über das Kron-, Fessel-, Vorderfußwurzelgelenk, über den Ellenbogen und das Schultergelenk bis hin zu den Bewegungen des Schulterblatts werden alle Gelenke durchbewegt. Zunächst die des linken und danach zum Vergleich die des rechten Vorderbeins. Dies geschieht endgradig und entsprechend der Achsen und Ebenen. Stellt man beispielsweise auf der rechten Seite fest, dass die Bewegungsfähigkeit des Schulterblatts in Richtung des Kopfes eingeschränkt ist, geht der Therapeut in fließendem Übergang vom Testen zur Mobilisation über. Für jede Bewegungseinschränkung stehen ihm unterschiedliche Techniken zur Verfügung. Welche Techniken er im Einzelnen anwendet, entscheidet er vor Ort individuell. Sie sind abhängig vom Zustand des Pferdes und der Art der Einschrankung.
In gleicher Weise wie die Vordergliedmaßen durchgetestet wurden, verfährt der Osteotherapeut mit den Hintergliedmaßen. Auch hier ermittelt er aus dem Seitenvergleich seinen Befund.

MANIPULATION/MOBILISATION

Bei der Manipulation („Einrenken“) stellt der fachkundige Therapeut das „klemmende“ Gelenk bis zu seiner aktuell möglichen Bewegungsgrenze und gibt mit seiner Hand einen kurzen, schnellen Stoß in die eingestellte Richtung. Diese Technik erfolgt immer dicht am Gelenk (kurzer Hebel)! Mobilisationen sind weiche Techniken. Die dehnenden, drückenden, tiefreibenden oder sanft streichelnden Techniken können am Gelenk oder auf dem weichen Gewebe ausgeübt werden. Die Hand nimmt vorsichtig mit den unterschiedlichen Körpergeweben Kontakt auf. Man spricht daher auch von Listening Techniken.

Es wird immer wieder vermutet, dass für die Behandlung eines Pferdes besonderer Kraftaufwand notwendig ist. Genau das ist aber nicht der Fall. Je mehr Kraft bei der Behandlung eingesetzt wird, umso geringer werden feine aber entscheidende Bewegungseinschränkungen zu spüren sein. Niemals darf die osteotherapeutische Behandlung eines Pferdes zum Zweikampf zwischen Mensch und Pferd ausarten.

Ein Pferdeosteotherapeut hat sich so auf seinen vierbeinigen Patienten einzustellen, dass dieser sich vertrauensvoll entspannen kann.

DIE BEHANDLUNG

Geht der Behandler nach den Bewegungstests der Gliedmaßen zur Überprüfung und Lockerung der muskulären Verspannungen der Kruppenmuskulatur über, sieht man häufig, wie sehr das Pferd diese Maßnahmen genießt. Es dehnt sich mit seinem ganzen Körper vom Schweif bis zum Kopf lang und länger, so als wollte es selber die verkürzte Muskulatur auseinanderziehen.

Das Pferd dehnt sich bei der Behandlung und genießt die Berührungen sichtlich.

REAKTIONEN

Der Reiter oder Besitzer ist meist tief beeindruckt von den Reaktionen seines Pferdes. Häufig werden wir Therapeuten zu Beginn der Behandlung gewarnt, weil das Pferd manchmal unberechenbar in seinen Reaktionen wäre und auch schon mal treten könne. Wie schon beschrieben, ist aber regelmäßig das Gegenteil der Fall. Allerdings habe ich schon erlebt, dass ein Pferd, nachdem es mir vorher freundlich zugewandt war, während der Behandlung plötzlich blockierte, völlig abweisend wurde und mich nicht mehr an sich heran ließ. Ohne Anspruch auf wissenschaftliche oder medizinisch fundierte Nachweise erkläre ich dieses Verhalten so, dass das Pferd weitere therapeutische Impulse energetisch oder psychisch nicht verarbeiten konnte und deshalb intuitiv abblockte.

Drei Pferde habe ich so in Erinnerung, und bei allen gab es eine Vielzahl an Befunden. Mit den Besitzern bin ich so verblieben, dass wir an dieser Stelle die Behandlung abgebrochen und erst nach zwei Wochen wieder aufgenommen wurde. Bei allen drei Pferden konnte ich nach dieser Zeit die Behandlung problemlos fortsetzen. Beim anschließenden Freilauf war ein erheblich verbesserter Bewegungsablauf zu sehen.

Bei der osteotherapeutischen Behandlung des Pferdes kommt es sehr darauf an, dass sich der Therapeut mit seiner „Arbeitshöhe" dem Pferd anpasst. Häufig leiden die zu behandelnde Pferde aus unterschiedlichen Gründen unter Rückenschmerzen, die (ähnlich wie beim Menschen) auch in die Beine ausstrahlen können. Dann ist es besonders wichtig, dass der Therapeut bodennah arbeitet, denn diese Pferde sind nicht in der Lage, während der Untersuchung das Bein auf einer für den Therapeuten angenehmen Höhe zu halten. Auch sollte ein Pferd das Bein häufiger absetzen können, wenn vermutet wird, dass es heftige Rücken-, Hüft- oder Muskelschmerzen hat. Das muss man therapeutisch zulassen, das Pferd wird es sicher dankbar quittieren.

Bei der Automobilisation des Hüftgelenks führt die Osteotherapeutin das zu korrigierende Hinterbein auf die Gegenseite und bringt es gefühlvoll unter Spannung, bis das Pferd aktiv das Hinterbein in die Korrektur zieht.

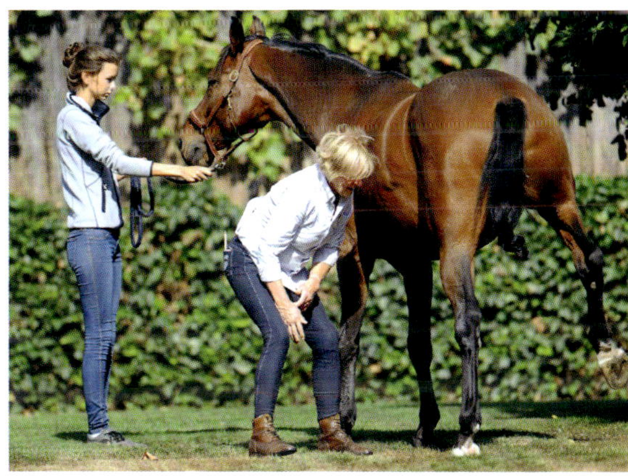

Entscheidend ist dabei die korrekte Behandlungsrichtung, die durch die Therapeutin voreingestellt wird.

Auch die Oberschenkelfaszie wird mobilisiert.

SITZBEINMUSKULATUR

Die langen Sitzbeinmuskeln verlaufen vom Kreuzbein und teilweise auch von den ersten Schweifwirbeln und dem Becken über das Sitzbein des Pferdes bis zum Knie. Sind sie einseitig verspannt, kann das Pferd den Schweif schief halten oder auch die Kruppenmuskulatur dieser Seite verspannen. Fälschlicherweise wird diese muskulär bedingte Fehlhaltung häufig als Kreuz-Darmbein-Gelenkblockierung bezeichnet.

Häufig berichten die Besitzer, dass die Pferde beim Schmied die Beine nicht hochheben wollen. Machen Sie sich die Mühe, beim nächsten Schmiedetermin anwesend zu sein, um zu sehen, welche Haltung dem Pferd beim Ausschneiden oder Beschlagen abverlangt wird. Es ist meist weniger ein „nicht wollen", sondern eine Fehlinterpretation des Schmieds, der die Rückenschmerzen des Pferdes nicht erkennt.
Merkt man dagegen, dass das Pferd keine Erziehung genossen hat, weil zum Beispiel der Besitzer über wenig hippologische Kenntnis verfügt und das Pferd in seinem Verhalten dem Menschen gegenüber nicht geprägt hat, muss der Therapeut ihm, so wie das ranghöhere Tier in der Herde, passende Impulse zur Einordnung geben.

KREUZ-DARMBEIN-GELENK

Nachdem die Hinterbeine und deren umgebende Muskulatur untersucht und mobilisiert oder manipuliert wurden, wendet sich der Therapeut der Lenden-, Brust- und Halswirbelsäule zu. An dieser Stelle gibt er seine Einschätzung zur so häufig diagnostizierten Kreuz-Darmbein-Gelenkblockierung.
Schaut man sich genauer an, wie dieses Gelenk im Pferdekörper gelagert ist, sind viele Diagnosen „Kreuz-Darmbein-Gelenk-Blockierung" nicht nachvollziehbar. Bei den nahezu horizontal liegenden Gelenkflächen der Kreuz-Darmbein-Gelenke und der das Becken stark umgebenden Muskulatur ist eher davon auszugehen, dass viele Fehlstellungen des Kreuz- und/oder Darmbeins durch eine einseitig verspannte Muskulatur zustande kommen, ebenso wie durch Bänderzüge aus der Kreuz-Darmbein-Gelenkregion und aus dem Übergang vom letzten Lendenwirbel zum Kreuzbein.
Diese können daher rühren, dass das Pferd nicht geradegerichtet ist und deshalb ein einseitiger Zug über die Rückenmuskulatur auf das Kreuz- und das Darmbein erfolgt. Die gleichen muskulären Züge können auch von einem Reiter ausgehen, der in einer Hüfte einknickt oder von einem Sattel, der einen einseitigen Druck ausübt.

LENDEN- UND BRUSTWIRBEL

Untersucht man die Gelenke der Lenden- und Brustwirbelsäule, findet man dort häufig eine oder mehrere Blockierungen. Diese löst der Osteotherapeut an Ort und Stelle.
Der Unterschied zu den sogenannten „Knochenbrechern" oder „Knocheneinrenkern" besteht darin, dass der Osteotherapeut direkt am betroffenen Gelenk behandelt. Dieses wird vom Behandler dreidimensional in die zu korrigierende Position eingestellt und dann mit einer gezielten Bewegung, bei der man auch eine bestimmte Haltung und Bewegung des Pferdes ausnutzt, mobilisiert oder manipuliert.
Eine Manipulation hat also grundsätzlich gezielt und direkt am Gelenk zu erfolgen (kleine Bewegungsamplitude und hohe Geschwindigkeit), nur dann kann man auch von „Therapieren" sprechen. Reißt dagegen

jemand plötzlich ein Hinterbein des Pferdes hoch (langer Hebel!) und deklariert das dann als Manipulation, sollte man dies nicht zulassen und die „Behandlung" sofort stoppen. Denn dann besteht die Gefahr, dass das Pferd verletzt wird.

Mit Hilfe des Reiters oder Besitzers, der das Pferd nach Vorgabe des Therapeuten am Halfter hält, kann man alle Lenden- und Brustwirbel sowohl auf der rechten als auch auf der linken Seite spezifisch mobilisieren oder manipulieren.

DIE HALSWIRBELSÄULE

Das Pferd hat zu diesem Zeitpunkt längst gespürt, dass ihm Gutes widerfährt. So wird es sich auch die notwendigen medizinischen Handgrifftechniken an der Halswirbelsäule und dem empfindlichen Kopf mit den Kiefergelenken und vielen Muskel- und Bänderansätzen vertrauensvoll gefallen lassen. Vorausgesetzt, der Therapeut passt die Intensität seiner Techniken dem jeweiligen Pferd an. Ein Vollblüter wird eine andere Toleranzgrenze aufweisen als ein Tinker oder Kaltblüter.

Die Halswirbelsäule ist, wie beim Menschen, der beweglichste Teil der Wirbelsäule und besteht ebenso aus sieben Wirbeln. Deren Größe verringert sich von oben nach unten. Die ersten beiden Halswirbel, Atlas und Axis genannt, haben biomechanisch eine Sonderfunktion gegenüber den restlichen fünf Wirbeln. Daher werden sie auch anders behandelt als die unteren Wirbel.

Die seitlichen Flügel des ersten Halswirbels (Atlas) sind sehr gut zu fühlen, weil sie sich deutlich von dem sie umgebenden Gewebe absetzen. Der Wirbel ist so groß, dass der ganze Handteller ausgefüllt ist, wenn man die Hand seitlich auflegt. Er ist vorne mit dem Hinterkopf verbunden und hinten mit dem zweiten Halswirbel. Der Atlas sollte beim Reiten der höchste Punkt des Pferdekörpers sein. Zwischen ihm und dem Hinterkopf findet die Stellung im Genick statt, so wie es in der klassischen Reitlehre beschrieben ist.

Zur Manipulation wird das Pferd auch mit Hilfe des Halters in eine bestimmte Position gebracht.

Nun kann die Osteotherapeutin hier mit Hilfe eines Stäbchens eine gezielte Gelenkmobilisation vornehmen.

Die Besonderheit des zweiten Halswirbels (Axis) besteht darin, dass zwischen ihm und dem ersten Halswirbel nur Rotation, also nur die Drehung möglich ist, während alle anderen Wirbel Beugung, Streckung, Seitneigung und Rotation durchführen können. Blockierungen und muskuläre Überlastungen in diesem Bereich sind relativ häufig und daraus ergibt sich der sogenannte „falsche Knick", der sich beim Reiten zwischen dem zweiten und dritten Halswirbel bildet.
Vom ersten bis zum siebten Halswirbel wird jeder Wirbel seiner natürlichen Bewegungsmöglichkeit entsprechend durchgetestet.

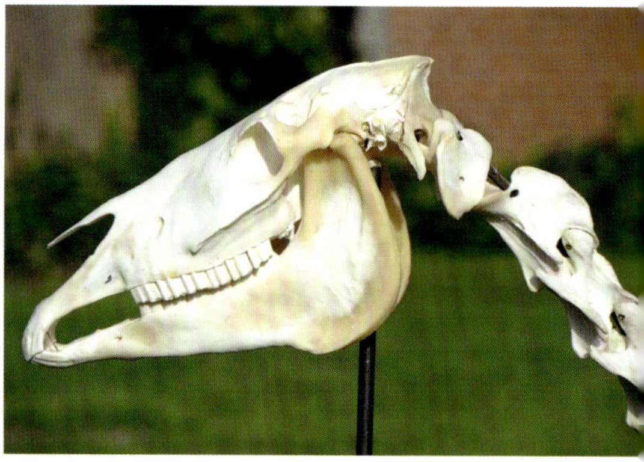

Zwischen dem ersten und zweiten Halswirbel ist nur Drehung möglich. Es kann weder Beugung noch Streckung noch Seitneigung stattfinden.

Rittigkeitsprobleme

Die Erfahrung zeigt, dass sehr häufig nicht nur ein, sondern mehrere Befunde an der Halswirbelsäule vorliegen. Sie decken sich in der Regel mit der Schilderung des Reiters. Gibt er z. B. an, dass sich das Pferd schlecht nach rechts stellen und biegen lässt, stellt der Osteotherapeut mehrheitlich die Läsionen auf der Gegenseite, also links fest. Das ist auch logisch, denn wenn der Hals des Pferdes

Das korrekte „durch das Genick gehen" findet zwischen dem Hinterkopf und dem ersten Halswirbel statt.

nach rechts bewegt wird, müssen die Gelenke auf der linken Seite auseinandergehen, auch das Gewebe dieser Seite muss entsprechend nachgeben.
Hat ein Pferd aber zum Beispiel beim Aufwuchs auf der Weide oder bei Rangspielen in der Gruppe von einem anderen Pferd einen Tritt an den Hals bekommen, oder ist ein anderes Pferd in es hineingaloppiert; hat ein Pferd einmal in der Box festgelegen oder ist gestürzt und hat dabei Muskelfaserrisse oder Blutergüsse erlitten, kann es zu Vernarbungen oder Verklebungen in diesen Bereichen kommen. Die werden aber nicht gesehen, weil junge Pferde auf der Weide nicht täglich überprüft werden – und der Reiter weiß es später eben auch nicht.
Blutergüsse beim Pferd sieht man nicht, weil das Fell die Verfärbung nicht preisgibt. Auch das Unfallereignis bekommt der Reiter oder Besitzer oftmals nicht mit. So merkt man erst an der Rittigkeitsveränderung, die sich dem Reiter als Lustlosigkeit oder Widersetzlichkeit darstellt, dass etwas nicht stimmt.
Ereignet sich eine derartige Läsion schon in der Fohlen- oder Aufzuchtzeit, bleibt sie in der Regel erst recht unerkannt. Frühestens beim Reiten fällt dann auf, dass das Pferd steif ist und sich nicht richtig biegen und stellen lässt. Schnell wird es dann als unwillig und undurchlässig bezeichnet und allzu häufig versucht der Reiter oder Ausbilder, das Pferd durch den Einsatz von Sporen und Gerte zum Vorwärtsgehen zu „erziehen".
Ehe aber dem Pferd Unwille unterstellt wird, ist sensibel nachzuforschen, warum dieses Problem entstanden ist, ob die Ursache nicht womöglich in einem heftigen Schmerz begründet liegt und das Pferd sich einfach nicht anders bewegen kann.
In unserem Stall wird ein junges Pferd erst angeritten, wenn es osteotherapeutisch untersucht wurde, um auszuschließen, dass „unerklärliche" Steifigkeiten, Takturnreinheiten oder Widersetzlichkeiten durch derartige Läsionen vorliegen.

Pferd und Reiter sollen Freude an der Arbeit bekommen und dafür ist es notwendig, dass das Pferd motiviert ist. Wo soll es aber die Motivation hernehmen, wenn es das „geritten werden" mit Schmerz in Zusammenhang bringt?
Beleuchtet man die Kostenseite, so ist es sehr viel günstiger, in eine osteotherapeutische Behandlung zu investieren als einen teuren Beritt zu bezahlen, bei dem die erwarteten Fortschritte ausbleiben oder der sogar zu mehr und mehr Problemen führt. Wird ein verspannter Muskel nicht behandelt, verkrampft er immer mehr.

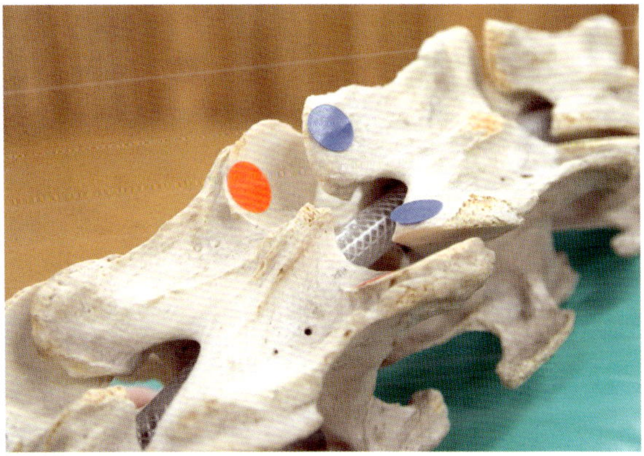

Die seitlichen Gelenkflächen der Halswirbelsäule liegen dachziegelartig aufeinander. Dehnt das Pferd den Hals, gehen sie auseinander, hebt es ihn, schieben sie sich übereinander.

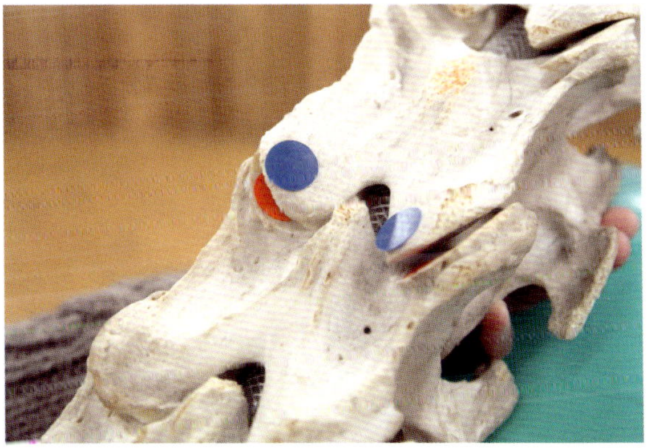

Durch einen Tritt, Sturz oder Reiten in „Rollkur" können sich die Gelenkflächen ineinander schieben und ihre Fähigkeit auseinanderzugleiten, verlieren.

Die Therapeutin beobachtet genau, welche Reaktionen das Pferd auf die Behandlung zeigt.

Narben

Immer wieder fallen auch Narben bei den zu behandelnden Pferden auf. In der Regel ist nicht bekannt, wie und wann sie sich das Pferd zugezogen hat.
Gleichgültig an welcher Stelle des Körpers sie sich befinden, es muss untersucht werden, ob die Narben und das Gewebe um sie herum gut verschieblich und dehnbar sind, oder ob sich diese Region „verbacken" und verquollen anfühlt, wenn man die Haut darüber mit der Hand abheben und bewegen will. Ab Seite 92 werden entsprechende Handgrifftechniken vorgestellt, um solche Narben in die Behandlung einzubeziehen.
Erinnert sei an dieser Stelle noch einmal daran, wie wichtig die Durchblutung aller Gewebe mit ihrem An- und Abtransport ist und an die Gefahr des „Vermüllens" bei verklebten Wegen.

Ist die Halswirbelsäule durchmobilisiert, steht das Pferd meist entspannter mit langem, tief nach vorwärts-abwärts gedehntem Hals. Wallache lassen häufig den Schlauch hängen. Dieser Zeitpunkt ist geeignet, auch die Muskulatur am Übergang von der Halswirbelsäule zur Brust zu überprüfen. Für das Vorwärts- Abwärts-Reiten, über den Rücken mit gedehntem Hals, so wie es in der klassischen Reitlehre beschrieben steht, ist es unbedingt notwendig, dass diese Region mobil und ihre Muskulatur mit Faszien und verbindenden Geweben geschmeidig ist. Im folgenden Kapitel über die Anatomie des Pferdes wird dargestellt, wie beengt gerade in diesem Bereich der Sitz von Nervengeflechten zwischen den Brust- und Halsmuskeln ist und wie deren Abzweigungen ebenfalls durch diese Muskulatur verlaufen und sich bis in die Hufe hinunterziehen.

Es braucht dann nicht viel Fantasie, um sich vorzustellen, was ein Pferd empfindet, wenn von oben der Sattel drückt, von unten der Gurt, es im Hals zu eng oder mit Schlaufzügeln geritten wird, seine Hufe nicht richtig bearbeitet oder die Hufeisen zu klein oder zu eng aufgenagelt sind.
Jeder kennt das Gefühl von eingeschlafenen Beinen, wenn sie zu lange übereinandergeschlagen waren oder das pelzige Gefühl in den Fingern, wenn der Kopf beim Schlafen auf dem Arm gelegen hat. Wie häufig lösen so gedrückte Nerven und Blutgefäße Schmerzen aus, durch die das Pferd unsicher und stolpernd geht?

DAS BRUSTBEIN

Zur osteotherapeutischen Befunderhebung gehört auch die Überprüfung des Brustbeins und seiner Muskulatur. Jedem Reiter sollte bewusst sein, dass der gesamte Rumpf des Pferdes wie ein Fass zwischen den Schulterblättern hängt und nur mit Muskeln, Sehnen, Bändern und Faszien an ihnen und den Oberarmknochen aufgehängt ist.
Für das Pferd heißt das, dass es neben seinem eigenen Rumpf beim Reiten auch noch das Gewicht des Sattels und des Reiters tragen muss. Das ist Schwerstarbeit! Es bedarf einer kräftigen Muskulatur, eines passenden Sattels und eines koordiniert agierenden Reiters, damit das Pferd die Lektionen ausführen kann, ohne dabei zu Schaden zu kommen. Mancher Reiter wird so – ohne dass es ihm bewusst ist – zum Tierquäler! Und wenn Pferde sprechen könnten, würde manches stöhnen: „Es lastet schwer auf meinen Schultern".
Extrem häufig fallen bei der osteotherapeutischen Behandlung Überlastungssymptome der Muskulatur im Bereich des Brustkorbs und des Brustbeins auf. Führt man sich den Aufhängemechanismus und die Belastungen vor Augen, der diese beim Reiten ausgesetzt ist, verwundert das nicht. Auch ein unpassender oder zu fest angezogener Gurt führt häufig zu Schmerzen.

Das Brustbein des Pferdes ist ein sehr schmaler, aber hoher Knochen, an dem einerseits die sogenannten Atmungs- oder echten Rippen ansetzen, und von dem andererseits die Brustmuskulatur ausgeht, die jeweils nach rechts und links zur Innenseite des Oberarms zieht.

RUMPFMUSKULATUR

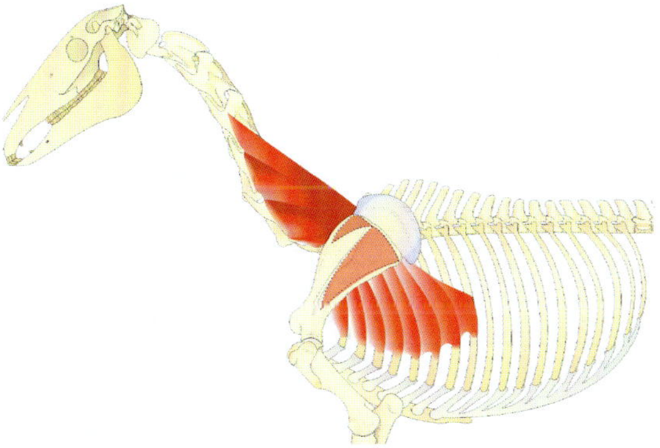

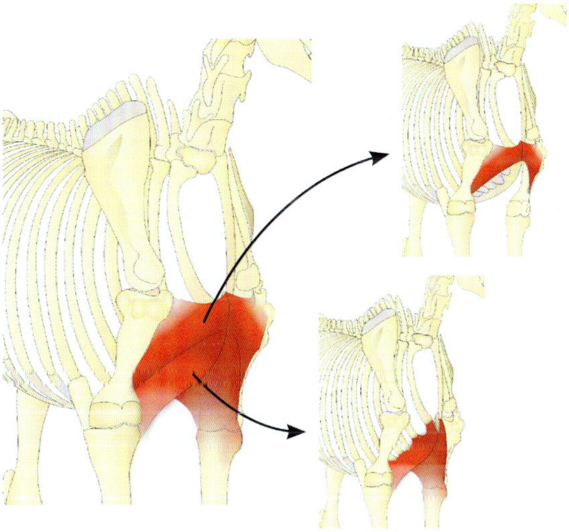

Der gesamte Rumpf des Pferdes ist nur mit Muskeln und Bändern zwischen den Schulterblättern aufgehängt und wird zusätzlich von der Brustmuskulatur getragen, die an den Oberarmen des Pferdes ansetzt.

Unterstützt wird die Brustmuskulatur zudem von den sogenannten Sägemuskeln, die zackenweise von den Rippen kommen und unter dem Schulterblatt her an seiner Innenkante ansetzen.

Ab Seite 52 wird beschrieben, wie die Muskelbzw. Sehnenfasern regelrecht aus der Knochenhaut herauswachsen, über ein Gelenk ziehen und in einen anderen Knochen wieder hineinwachsen. Im Gegensatz zum Becken und den Hintergliedmaßen, die als knöcherne Ringkonstruktion dem Pferd eine gute Stabilität vermitteln und für den Antrieb und die Übertragung der Bewegung von den Hinterbeinen auf den Rücken zuständig sind, ist der Brustkorb des Pferdes wie eine Hängematte zwischen den Schulterblättern und Oberarmen aufgehängt. Über dieser „Hängemattenkonstruktion“ liegt der größte Gewichtsanteil des Pferdes mit etwa 58 Prozent auf der Vorhand und mit nur ca. 42 Prozent auf den Hintergliedmaßen.

Doch zurück zum Brustbein. Alle 18 Rippen des Pferdes sind mit Gelenken an der Brustwirbelsäule beweglich befestigt. Acht von ihnen, die sogenannten Trag- oder echten Rippen, sind zusätzlich über bewegliche Gelenke mit dem Brustbein verbunden. Die verbleibenden zehn Rippen, auch unechte Rippen oder Atmungsrippen genannt, sind über einen Knorpelring, der auch zum Brustbein zieht, untereinander elastisch verbunden.

Jeder Reiter sollte sich gewissenhaft anschauen, wie der Sattelgurt auf dem Brustbein seines Pferdes liegt: Ist er angenehm weich gepolstert und weist eine Verbreiterung auf dem schmalen, empfindlichen Brustbein auf – oder ist er hart, vom Schweiß verklebt und weist Risse auf? Auch sollte geprüft werden, ob ein Textilgurt, der nur mit einer oder zwei schmalen Stoffverstärkungen versehen ist, durch Einschnürungen auf dem Brustbein Schmerzen verursacht. Üben dann zu lange Sattelkissen, die auch seitlich zu viel Auflage auf den Rippen haben, Druck auf diese und die Rückenmuskulatur aus, kann das Pferd nicht mehr ungehindert einatmen.

Wie soll das Pferd aber Leistung bringen können, wenn nicht genügend Luft in die Lunge strömt und damit auch zu wenig Sauerstoff in den Blutkreislauf kommt? Stellen Sie sich vor, dass Sie in ein festes Korsett geschnürt werden und damit auf einem Trimm-Dich-Pfad anstrengende Übungen absolvieren sollen. Wie schnell würden Ihnen Luft und Laune vergehen?

Zum Ende einer osteotherapeutischen Behandlung steht aus den genannten Gründen auch immer die Beurteilung des Sattels an (siehe S. 151).

SCHWERPUNKT

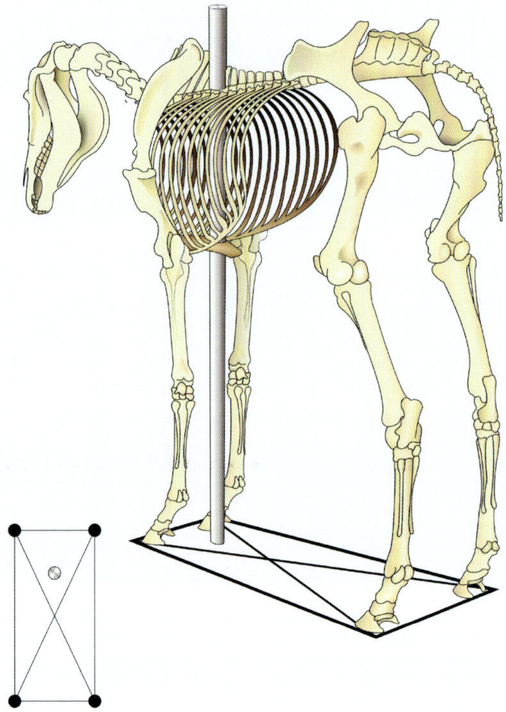

Das Pferd trägt ca. 58 Prozent seines Gewichts auf der Vorhand und 42 Prozent auf der Hinterhand. Auch das Gleichgewichtszentrum liegt im vorderen Bereich des Pferdekörpers.

Abwehr beim Abtasten der Wangenmuskulatur weist auf Haken bzw. Kanten auf den Zähnen hin.

Die Osteotherapeutin mobilisiert die Kiefergelenke mit Assistenz durch die Pferdebesitzerin.

KOPF- UND KIEFERGELENKE

Auch der Kopf des Pferdes wird untersucht und die Kiefergelenke auf ihre Beweglichkeit hin überprüft.

Der Unterkiefer des Pferdes ist schmaler als der Oberkiefer. Beim Kauen bewegt sich der Unterkiefer von einer Seite zur anderen gegen den Oberkiefer. Dadurch wird die Nahrung

Die Kaumuskulatur des Pferdes weist häufig einseitige Verspannungen auf.

zerkleinert. Diese Bewegung des Kauvorgangs spielt sich im Kiefergelenk ab. Es wird vom Unterkiefer und dem zum Kopf gehörenden Schläfenbein gebildet.
Das Kiefergelenk weist eine große Beweglichkeit in alle Richtungen auf. Es verfügt über eine Knorpelscheibe, den Diskus, der das Gelenk in zwei Anteile aufteilt. Schaut man sich den langen Unterkiefer an, werden die Hebelkräfte klar, die auf den Kopf treffen und die dieser mit seiner Muskulatur aushalten muss. Wird nun die Beweglichkeit dieses Gelenks eingeschränkt oder die Bewegung des Unterkiefers durch einen zu eng geschnallten Sperrriemen behindert, gleiten die Zähne des Unterkiefers nicht mehr komplett über die Zahnflächen des Oberkiefers. Der Zahnabrieb kann nicht mehr gleichmäßig erfolgen. Es bilden sich Kanten oder Haken auf den Zähnen, die sehr spitz und scharf sein können. Entwickeln sich derartige Kanten und Spitzen auf den hinteren Backenzähnen, können sie zu Verletzungen der Wangenschleimhaut oder der Zähne führen, die aus-

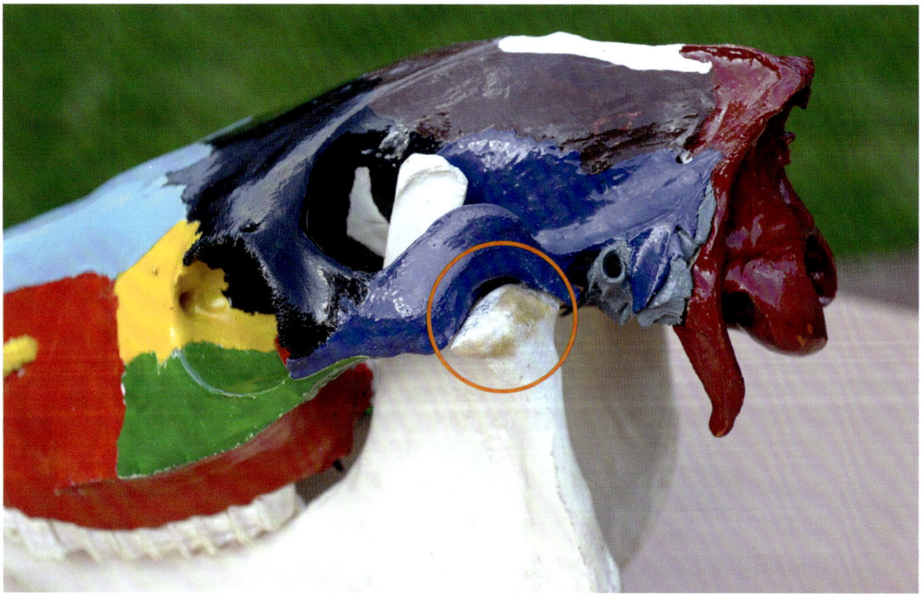

Auf das Kiefergelenk des Pferdes wirken starke Hebelkräfte. Es muss frei beweglich sein. Einschränkungen der Beweglichkeit führen unweigerlich zu Kauanomalien.

UNTERHALSMUSKULATUR

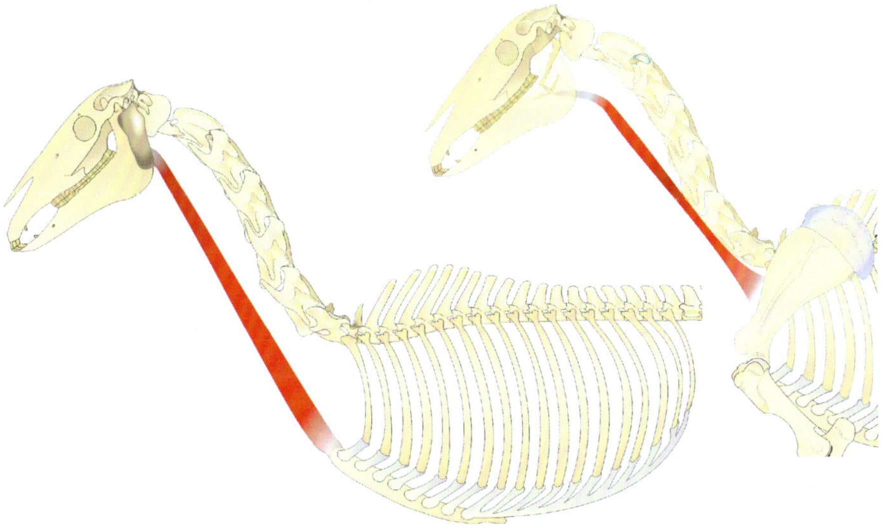

Vom Brustbein und Schulterblatt ziehen Muskeln zum Unterkiefer und Zungenbein des Pferdes. Sie stellen eine wichtige Verbindung zwischen Kopf und Brust dar. Deshalb darf der Hals des Pferdes beim Reiten nicht eng gemacht werden, weil die Muskeln dadurch in Fehlfunktion kommen. Sie verkürzen und verspannen sich.

gesprochen schmerzhaft sind. Bei jeder Kaubewegung entsteht der Reiz aufs Neue. Das kann dazu führen, dass das Pferd schmerzbedingt die Nahrung nicht mehr genügend zerkleinert, sich zu wenig Speichel bildet und der Nahrungsbrei zu trocken und unzerkaut in den Magen gelangt. Dieser Prozess kann dann zu Verdauungsstörungen führen.
Auch Zahnlücken, in denen sich Nahrungsreste festsetzen und anfangen zu faulen, werden bei der Inspektion der Zähne entdeckt. Aus ihnen kann sich eine schmerzhafte Karies entwickeln. Sogar ein gebrochener Zahn ist bei der Untersuchung der Maulhöhle schon aufgefallen. Er kann durch den Tritt eines anderen Pferdes oder durch einen Sturz verursacht worden sein. Der Reiter weiß es meistens nicht, die Folgen für das Pferd sind aber fatal und werden sich auch in Rittigkeitsproblemen äußern.

Ein Pferd, das adäquat gefüttert wird und dem genügend Raufutter zur Verfügung steht, produziert im 24-Stunden-Rhythmus ca. 40 Liter Speichel. Auch beim Reiten soll es fleißig kauen. Das ist aber nur möglich, wenn die Bewegung des Kiefers nicht eingeschränkt ist. Neben der freien Beweglichkeit des Unterkiefers und des Kiefergelenks ist auch die uneingeschränkte Funktion der am Kieferknochen ansetzenden Muskulatur von größter Bedeutung. Muskeln bewegen durch ihr Zusammenspiel von Anspannung und Entspannung Knochen und Gelenke. Das gilt auch für den Unterkiefer.
Beim Fressen führt das Pferd etwa 80 Kaubewegungen pro Minute durch. Daran beteiligt sind Muskeln, Faszien, Bänder und Gelenke, die zum großen Teil von der Brust, unter anderem aber auch von den Schulterblättern kommen, und am Zungenbein sowie an den

Beim Blick auf die Schneidezähne zeigt sich, ob ein Über- oder Unterbiss vorliegt.

Der Trigeminusnerv verläuft sehr nah am Kiefergelenk vorbei und zieht weiter in Richtung Wange.

Innenseiten des Unterkiefers ansetzen. Bei der osteotherapeutischen Behandlung wird die Kaumuskulatur auf Verspannungen hin abgetastet. Die Kiefergelenke werden mit Hilfe des Pferdehalters mobilisiert. Übt man einen leichten Druck von außen mit den Fingerspitzen auf die Wangenmuskulatur aus und das Pferd weicht daraufhin mehr oder weniger heftig mit dem Kopf aus, ist das ein Hinweis auf mögliche Zahnhaken. Da ein Osteotherapeut ohne Maulgatter nicht bis zu den letzten Backenzähnen blicken kann, ist hier die Zusammenarbeit mit dem Tierarzt unerlässlich.

Der Osteotherapeut kann aber sehr wohl den Stand und Zustand der Schneidezähne im Ober- und Unterkiefer beurteilen. Er kann sehen, ob ein Schneidezahn fehlt, abgebrochen ist oder Karies hat. Er sieht, ob ein Diagonalbiss, Ober- oder Unterbiss vorliegt. Auch das Vorhandensein von Wolfszähnen, Haken oder Spitzen auf den vorderen Backenzähnen, kann der Osteotherapeut überprüfen. Triggerpunkte, die dem Kiefergelenk zugeordnet sind, werden bei der osteotherapeutischen Untersuchung ebenfalls abgefühlt. All diese Befunde können einseitige Verspannungen erzeugen, die nicht nur auf die Kopf- und Halsregion beschränkt bleiben. Wenn sie lange genug bestehen, können sie sich auf den Rücken und sämtliche Körperregionen ausweiten. Auch Kopfschmerzen oder sogar Trigeminusneuralgie und Migräne sind Erkrankungen, die ein Pferd naturgemäß zwar nicht äußern kann, die aber auf Grund der Nervenverläufe an den Kiefergelenken vorbei bis in den Unterkiefer und in die Kaumuskulatur nicht von der Hand zu weisen sind. Fehlerhaft sitzende Trensen und Kandaren können ebenfalls als Auslöser für Schmerzen im Bereich des Genicks und Kopfes in Frage kommen. In den Fortbildungen der Tierärzte, die sich auf Pferdezähne spezialisiert haben, wird diese Thematik erfreulicherweise seit einiger Zeit verstärkt behandelt (siehe hierzu S. 116).

TRIGEMINUSNERV

Der Trigeminusnerv (auch Drillingsnerv genannt) hat seinen Ursprung im Gehirn und teilt sich in drei große Hauptäste, die an unterschiedlichen Stellen aus dem Schädelknochen austreten. Diese Nervenaustrittsstellen dürfen nicht durch die Lage des Zaumzeugs beeinträchtigt werden! Er vermittelt z. B. die Wahrnehmung von Reizen, die auf die Haut, die Schleimhäute, die Hornhaut, den vorderen Teil der Zunge oder die Zahnwurzeln einwirken und sorgt für die Aktivierung der Kaumuskulatur. Eine Überempfindlichkeit eines oder mehrerer Anteile dieses Nervs, die sogenannte Trigeminusneuralgie, gilt als eine der häufigsten Ursachen für das Headshaking. Headshaking äußert sich in heftigem Kopfschlagen des Pferdes, das oft durch plötzlich auftretende, sehr starke Schmerzen im Bereich des Gesichts und des Kiefers ausgelöst wird.

DIE VISZERALE BEHANDLUNG

Während der Therapeut das Pferd im Laufe der Untersuchung und Behandlung immer besser kennenlernt, eröffnen sich ihm auch die Problemstellen, die dem Reiter bisher verborgen geblieben sind. So wurden Probleme beim Äppeln unter dem Sattel, Schlundverstopfung, Allergien und beispielsweise Lungenerkrankungen bei der Befragung des Reiters und/oder Besitzers oft nicht erwähnt, da sie häufig nicht in den Zusammenhang mit reiterlichen Problemen oder gar Wirbelblockaden gebracht werden.
Einem ausgebildeten Osteotherapeuten entgehen aber auch die „inneren" Verspannungen, Blockierungen und Leiden der Organe nicht, die sich wiederum negativ auf den Bewegungsapparat auswirken können. So werden beispielsweise bei Verdauungsproblemen sanfte

Ein ausgebildeter Osteotherapeut erkennt Problemstellen im gesamten Organismus des Pferdes.

In der Region des Brustbeins werden sanfte Faszientechniken zur Mobilisation des Brustkorbs angewandt.

fasziale Techniken (Listening) für die Leber, den Dünndarm und den Blinddarm angewandt. Der Therapeut folgt mit seinen gefühlvollen Händen den Eigenbewegungen der Organe (Motilität) und befreit und unterstützt diese.

Bei Erkrankungen der Atemwege oder der Lunge ist die Arbeit am knöchernen Behälter, dem Brustkorb, durch die schon geschilderten manualtherapeutischen Griffe und Techniken sehr wichtig. Aber auch klassische Massagegriffe für die Zwischenrippenmuskulatur und die Faszien des Brustkorbs werden dann erfolgen, um wiederum durch sanfte Listeningtechniken das Brustbein und seine bandhaften Verbindungen zum Herzbeutel und dem Lungenfell zu lösen und zu befreien. Hiernach husten viele Pferde Schleim ab, vertiefen die Atemzüge und kommen zu einer regelmäßigen Atemfrequenz.

Haben Pferde schon eine oder mehrere Schlundverstopfungen erlitten, wird der Osteotherapeut besonders sensibel die Kopf-Hals-Region und den Schlund untersuchen. Osteotherapeutisch konnten wir hier die Erfahrung machen, das besonders Pferde mit Zahn- und Kiefergelenksstörungen, Blockierungen der oberen Kopfgelenke und der Halswirbelsäule sowie ausgeprägt verspannter Unterhalsmuskulatur prädestiniert sind, beim Fressen von Heu oder Hafer im Schlund zu verstopfen. Die Behandlung der Kiefergelenke und des Kopfes ist wie bereits erwähnt, von großer Bedeutung. Die Mobilisation der Halswirbel und der ersten Rippen, lösende Techniken an der Unterhalsmuskulatur, die Mobilisation der Schulterblätter und befreiende, sanfte Faszientechniken am vorderen Widerrist und der vorderen Öffnung des Brustkorbs werden ebenfalls angewandt.

DAS BEHANDLUNGS-ENDE

Zum Ende der Behandlung folgen noch ein bis drei Handgriffe aus dem kraniosakralen Bereich. Das ist der „Ear Pull" (Ohrenziehen), die Entspannung des Zwerchfells (Diaphragma) und der Schweifzug. Alle drei Handgriffe zielen auf eine weitere Entspannung des Pferdes ab und werden äußerst gefühlvoll durchgeführt.

Da das Pferd am Ende der Behandlung in der Regel Kopf und Hals gesenkt hat, sind die Ohren problemlos zu erreichen. Aus dem „Tellington Touch" ist das sanfte Kreisen der Pferdeohren bekannt, und diejenigen die es angewandt haben, wissen, dass die Pferde die Entspannung genießen. Bei der kraniosakralen Therapie werden die Ohren gefühlvoll mit den Händen umgriffen und leicht nach oben und außen so lange in zarte Dehnung gebracht, wie das Pferd sich entspannt. Häufig legt es dann den Kopf, der immer schwerer wird, auf die Schulter des Therapeuten. Der Zug der Ohren wirkt dehnend auf eine im Schädel verlaufende Hirnhaut, durch die auch Nerven und Blutgefäße in Richtung Körper ziehen. Durch die Dehnung soll es zur Entspannung der zentralen Nerven kommen. Wer selber schon einmal Erfahrung mit kraniosakraler Therapie gemacht hat weiß, dass man dabei durchaus auf der Behandlungsbank einschlafen kann. In einigen besonderen Fällen, wie z. B.bei Pferden mit Periodischer Augenentzündung, Augenoperationen, Zahnoperationen oder Verletzungen und Narben am Schädel und im Gesicht, kann es angezeigt sein, weitere Techniken der kraniosakralen Therapie gezielt einzusetzen.

Aus dieser Behandlungsschilderung geht eindeutig hervor, dass sie Zeit in Anspruch nimmt und nicht in 10 oder 15 Minuten erledigt werden kann. Ein erfahrener Therapeut benötigt für die Erstbehandlung mindestens 1,5 Stunden. Auch die Zeit zur Kontrolle der Ausrüstung und die Einweisung des Besitzers in nötige Nachbehandlungsübungen darf nicht unterschätzt werden. Dies gehört zu einer vollständigen Erstbehandlung in der Regel dazu.

Am Ende der Behandlung entspannt sich das Pferd vertrauensvoll.

Unterschiede

— zu Physiotherapie und Chiropraktik

UNTERSCHIEDE DER PHYSIOTHERAPIE ZUR OSTEOPATHIE

Der Begriff Physiotherapie leitet sich von dem griechischen Wort Physis= Natur/ Körper und Therapeia = das Dienen, die Pflege des Körpers, das Wiederherstellen der „natürlichen Funktion“ ab. Physiotherapie war schon im alten Griechenland bekannt und archäologische Funde zeigen, dass verschiedene Formen der Massage und medizinischen Bäder bereits vor 4000 Jahren durchgeführt wurden.
Die Physiotherapie orientiert sich bei der Behandlung an den Beschwerden und den Funktions-, Bewegungs- bzw. Aktivitätseinschränkungen des Patienten. Neben der Kenntnis der Anatomie sind vor allen Dingen die manuellen Fähigkeiten des Therapeuten gefragt. Die Behandlung ist an die anatomischen und physiologischen Zustände des Patienten anzupassen, sowie an seine kognitiven Fähigkeiten und an seine Schmerztoleranz.
Zu den physiotherapeutischen Techniken gehören unterschiedliche Gewebebehandlungen wie Massage, Bindegewebsmassage, Klopf-Druck-Massage, Friktionen (reibende Massage), Muskeldehnungen, Faszientechniken, Behandlungen auf neurophysiologischer Grundlage und manualtherapeutische Mobilisationen der Gliedmaßen- und Wirbelsäulengelenke.
Die physiotherapeutischen Handgrifftechniken werden ergänzt durch die Maßnahmen der physikalischen Therapie, zu denen Wärme-, Kälte- und Wasseranwendungen, Elektro- und Lichttherapie, Ultraschall, Magnetfeldtherapie, biomechanische Stimulation mit dem Matrix-Gerät und andere zählen.
Ziel einer jeden physiotherapeutischen Behandlung ist die Aktivierung des Stoffwechsels, die Verbesserung der Muskelkoordination und des Muskelaufbaus sowie das motorische Lernen.

UNTERSCHIEDE DER CHIROPRAKTIK ZUR OSTEOPATHIE

Die Chiropraktik (Chiro = Hand) entwickelte sich etwa zeitgleich wie die Osteotherapie in den USA und wurde von Daniel David Palmer begründet. Er wurde 1845 in Kanada geboren und starb 1913 in Los Angeles. Im Alter von 20 Jahren

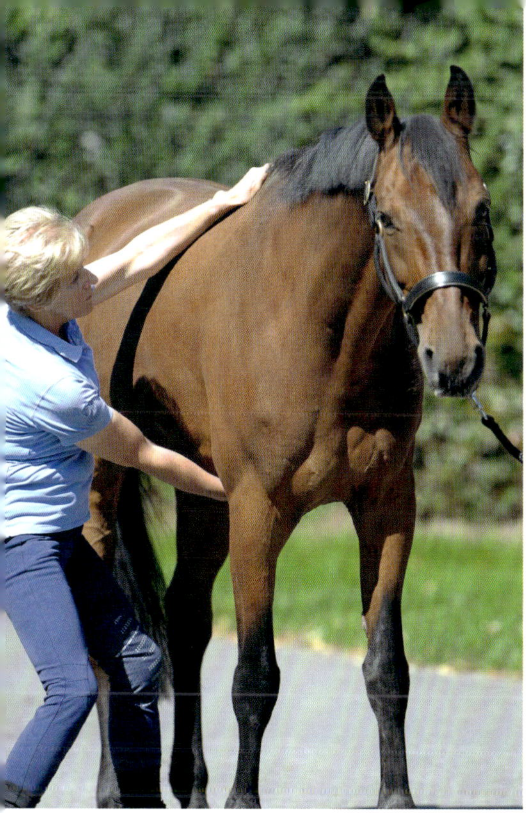

01

02

ging er in die USA und arbeitete dort als Barkeeper, Schullehrer und Drugstore-Inhaber. Als er erkannte, dass er über spirituelle Fähigkeiten verfügte und er sich für verschiedene Gesundheitsphilosophien wie Osteopathie, magnetisches Heilen und Spiritualität interessierte, verlagerte er seine Tätigkeit mehr und mehr auf den Gesundheitsbereich und wirkte als Magnetopath. Nachdem er 1895 dem tauben Hausmeister Harvey Lillard mit seinen Handgrifftechniken einen Wirbel justierte und dieser in der Folge wieder hören konnte, gründete Palmer 1897 die erste Schule für Chiropraktik in Davenport / Iowa.
Im Vordergrund der Chiropraktik stehen die Manipulationstechniken an der Wirbelsäule. Diese sind denen der Osteotherapie durchaus ähnlich, es werden aber in der Chiropraktik keine viszeralen Behandlungen (Organmobilisationen) und keine kraniosakralen Techniken durchgeführt. Auch die Behandlung der Gliedmaßen und der weichen Gewebe wie Muskeln, Bindegewebe und Faszien nimmt, wenn überhaupt, eine untergeordnete Rolle ein. Unterschiede gibt es auch bei der Ausbildung. Zu Chiropraktikern werden nur Ärzte und Tierärzte ausgebildet, während die Osteotherapie Ärzten, Tierärzten und Physiotherapeuten vermittelt wird. Physiotherapeutische Techniken werden dabei ganz bewusst in das Ausbildungskonzept zum Osteotherapeuten integriert.

01 Mit dem Hautfaltengriff in die Gurtlage wölbt das Pferd sich auf. Gleichzeitig zieht die linke Hand den Widerrist zur Seite und mobilisiert ihn

02 Weiche, mobilisierende Muskel- und Faszientechniken kann man vorbereitend für eine Manipulation anwenden.

URSACHE-FOLGE-KETTE

Je länger eine Blockierung besteht, desto mehr werden weitere Gewebe und Strukturen des Körpers überbeansprucht und in Mitleidenschaft gezogen. Daraus können neue Einschränkungen, Haltungsstörungen und Schmerzmuster in einer ganz anderen Körperstruktur entstehen. Der Reiter bemerkt dann häufig eine Lahmheit, Taktunreinheit oder glaubt, das Pferd sei nicht willig.
In der Osteopathie betrachten wir diese Überlastung der schmerzhaften Strukturen als Folgen von bis dahin nicht erkannten Bewegungseinschränkungen. Die Ursache liegt meist schon länger zurück und wird mit der aktuellen Problematik nicht mehr in Verbindung gebracht. Dem Therapeuten obliegt dann die akribische Suche nach der Ursache, die eine Kette von Folgen nach sich gezogen hat, die dem Pferd nun Beschwerden machen. Ziel der Behandlung ist es, die Ursache zu korrigieren und die ursprüngliche Funktion wiederherzustellen. Den meisten Therapeuten fällt als Störfaktor für die Selbstheilungskräfte der unpassende Sattel, die nicht artgerechte Haltung und Fütterung, Stress und falsches unsachgemäßes Training ein.
Bestehen die Folgen eines Traumas, die osteopathisch als „sekundäre Läsionen" bezeichnet werden, über einen länger anhaltenden Zeitraum, können sie sich strukturell verformen. So kann beispielsweise ein stark verspannter und überlasteter Muskel im Laufe der Zeit seine Elastizität und Dehnfähigkeit verlieren. Seine Zellen verformen sich dauerhaft zu festem Bindegewebe, welches zwar stabil, jedoch nicht leistungsfähig ist. Damit bilden diese sekundären Läsionen häufig die Quelle einer neuen Ursache-Folge-Kette.

EINFLUSS DER FASZIEN

Durch den Einfluss von Faszien auf Rezeptoren, Gefäße, Nerven und die Lage und Position von Organen können Spannungen im faszialen System Urheber von osteopathischen Läsionen sein. Faszien verbinden alle Strukturen miteinander und stehen mit allen spezialisierten Geweben in Verbindung. Dadurch besteht die Möglichkeit, Traumata an einen anderen Ort weiterzuleiten. Somit werden die Läsionen unterhalten und stellen einen weiteren Ausgangspunkt für neue sekundäre Läsionen dar, wenn durch Körperschlacken und Säuren chemisch pathologische Prozesse zu weiteren Veränderungen innerhalb der Faszie führen.
Nichtsdestotrotz gilt für die Entwicklung von Ursache-Folge-Ketten, die sich im Körper manifestieren können: „Alles kann – nichts muss!"

Wird die primäre Verletzung nicht gelöst, verlagert sich das Problem häufig in andere Körperbereiche.

Pferde sind durch ihre hervorragenden Kompensationsmechanismen wahre Meister in der Ansammlung von alten und neuen Mustern und Ketten. Das Ausreizen ihrer Gutmütigkeit, das Übertreten von Schmerzgrenzen, das Ertragen von kneifender Ausrüstung und die wahnsinnige Ungeduld beim Anreiten junger Pferde, aber ebenso auch im Training älterer Pferde wird wohl auch noch in einigen Jahren unter das Motto „Der Krug geht so lange zum Brunnen bis er bricht" fallen.

Bei einer nicht korrigierten primären Läsion nutzt der Körper verschiedene, nicht festgelegte Wege der Kompensation. Häufig sind die Entstehungsmechanismen von Blockierungen, Einschränkungen, Verkürzungen und Dysbalancen logisch, in der Regel aber **nie** vorhersehbar. Insbesondere durch traumatisch ausgelöste Läsionen können im Nachhinein Geschwindigkeit, Scherkräfte und Einwirkungen auf das Gewebe **nie** original rekonstruiert werden. Aus wissenschaftlicher Sicht ist daher die Entstehung dieser Ketten und Kompensationen hypothetisch.

Dennoch scheint es für den Erfolg einer osteotherapeutischen Behandlung sinnvoll, die Anpassung des Pferdes hinsichtlich seiner Traumata, der Umwelteinflüsse und weiterer gesundheitlicher Bedrohungen zu bedenken und in die anatomischen Ketten einzubinden. Es gibt viele logische Gewebeketten, die in der aktuellen Zeit, besonders im Rahmen der gewonnenen Erkenntnisse über Faszien, thematisiert werden und immer wieder auf Patienten bezogen werden können, da sie dementsprechend häufig sind.

Casmir
— ein Fallbeispiel

Der 13-jährige Wallach „Casmir" wurde mit einem Stockmaß von knapp 1,80 Meter aus einem Springstall als Voltigierpferd gekauft. In der kleinen Ankaufsuntersuchung fielen keine gesundheitlichen Einschränkungen auf, für die Verfassungsprüfungen auf größeren Wettkämpfen hätte aber das schiefe Becken ein Problem darstellen können. Aus diesem Grund wurde das Pferd zur osteotherapeutischen Untersuchung vorgestellt.

DIE UNTERSUCHUNG

Casmir war in seiner Karriere als M/S-Springpferd auf das linke Becken gestürzt, möglicherweise auf eine Stange. Ernsthafte Verletzungen waren damals nicht diagnostiziert worden. Zum Zeitpunkt der Behandlung fiel aber ein starker Faszienriss entlang des linken Hüfthöckers über den Oberschenkel bzw. durch seine Faszien etwa bis zum Hüftgelenk auf. Auf dieser Seite waren die Gewebe stark verklebt, in ihrer Beweglichkeit eingeschränkt und es war Casmir unangenehm, hier berührt zu werden. Auffallend war, dass die langen Sitzbeinmuskeln links deutlich verspannt und stärker trainiert waren. Der Schweif zeigte eine Schiefhaltung nach links.
Die Kruppenmuskulatur auf der linken Seite war ebenfalls verspannt. Casmir zeigte eine Bewegungseinschränkung des Kreuzbeins und des 6. Lendenwirbels. Die Verspannungen setzten sich bis in die lange Rückenmuskulatur und die feste Brust-Lendenfaszie fort. So war es nicht verwunderlich, dass es Casmir schwer fiel, den Rücken aufzuwölben und in Trab und Galopp schwungvoll unter den Schwerpunkt zu treten.
Die Auswirkungen dieser verspannten rückwärtigen Faszienkette von den langen Sitzbeinmuskeln bis in die Sattellage setzte sich über das lange Rückenband in das lange Nackenband derart fort, dass mir über dem Zügel ging oder sich zu sehr einrollte, aber keine Bereitschaft zeigte, den Rahmen zu erweitern und die Dehnungshaltung einzunehmen. Nackenband und kurze Nackenmuskeln waren angespannt, beide Kiefergelenke fest, die Kaumuskulatur verspannt. In der späteren Zahnuntersuchung erkannte man Haken und ein Wellengebiss.

DIE BEHANDLUNG

Die fehlende Losgelassenheit und unrealistische Anlehnung spiegelten sich in den osteotherapeutischen Befunden wider. Um als werdendes Voltigierpferd gesund alt zu werden, stand also die Fähigkeit im Vordergrund, über den Rücken zu gehen und ihn wieder aufwölben zu können.
Das Unfalltrauma des linken Beckens wurde nach der Bewegungsuntersuchung der Gelenke als sogenannte primäre Läsion aufgegriffen und mit Faszientechniken und Griffen aus der Narbenmassage behandelt. Die Reaktionen von Casmir waren sehr

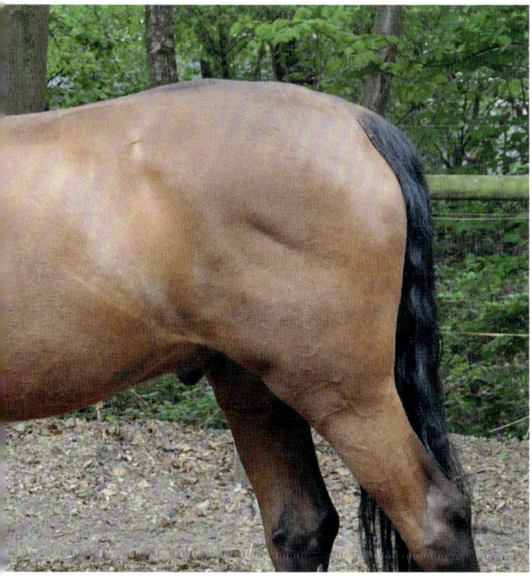

01

02

01 Casmir hat am linken Hinterschenkel eine deutliche Narbe mit erkennbarer Faszieneinziehung.

02 Dank Therapie kann Casmir nun als Voltigierpferd gesund alt werden.

eindrucksvoll zu beobachten. Während er bis dahin die gesamte Untersuchung gelassen über sich ergehen ließ, brachten ihn diese Griffe völlig aus der Fassung. Geblähte Nüstern, erhöhte Atemfrequenz und panischer Blick fielen auch der neuen Besitzerin auf, obwohl Casmir artig stehenblieb. Ebenso auffällig waren die körperlichen Reaktionen am Oberschenkel, wo er zu schwitzen begann und sich um die Narbe herum feiner Schaum bildete. Da er ebenso stark psychisch reagierte, wurden nach der Behandlung der Faszien des Oberschenkels und der Kruppe zunächst entspannende, kraniosakrale Techniken angewandt, um das vegetative Nervensystem zu regulieren. Die Atemfrequenz verlangsamte sich und die Zonen trockneten daraufhin wieder ab. Anschließend wurden die Lendenwirbelsäule, das Kreuzbein und das linken Hüftgelenk mobilisiert. Die dringend erforderliche Verbesserung der Dehnfähigkeit der sogenannten „hinteren Kette" der langen Sitzbeinmuskeln wurde über die Dehnung dieser Muskeln erreicht. Diese Übung wurde der Besitzerin auch als Nachbehandlung empfohlen. In den weiter erfolgten Nachbehandlungen reagierte Casmir kein weiteres Mal derart.

DER ERFOLG

Die Dehnfähigkeit der hinteren Kette wurde nachhaltig verbessert. Im Laufe des nächsten halben Jahres trat Casmir immer besser unter und wölbte den Rücken auf, die Becken- und Schweifschiefhaltung verschwand. Nach der Zahnsanierung und der anschließenden Behandlung der Kaumuskulatur, des Kiefergelenks und der oberen Kopfgelenke verbesserten sich auch die angespannte Kopf-Hals-Haltung und die Dehnungshaltung. Lektionen wie das „Zügel aus der Hand kauen lassen" wurden möglich.

Casmirs Fall zeigt, wie eng die anatomischen Strukturen miteinander verbunden sind und wie Störungen in andere Gelenke und Gewebe übertragen werden. Faszien spielen hierbei eine wesentliche Rolle.

DIE ANATOMIE
— *des Pferdes*

DAS SKELETT

Um unseren Pferden auch reiterlich gerecht zu werden, sind einige grundsätzliche Dinge zur Haltung und zum Umgang nicht nur zu wissen, sondern unbedingt zu praktizieren. Das Pferd ist ein friedliebendes Tier, das von Natur aus im Herdenverband lebt. Wenn es bedroht wird, reagiert es nicht mit Angriff, sondern mit Flucht. Von seinem Wesen her ist es neugierig und kommt vertrauensselig auf den Menschen zu. Hat es Angst oder leidet es unter Schmerzen, dann versucht es auszuweichen oder zu fliehen.

Abwehrreaktionen beim Satteln, Gurten oder Aufsitzen, aber auch beim Reiten sind deshalb nicht einfach als Unart zu erklären oder gar zu bestrafen. Sie sind im Gegenteil sensibel zu hinterfragen. Dafür ist ein Grundwissen über den Aufbau des Pferdekörpers, über die Funktion von Muskeln, Faszien und Gelenken sowie über den Verlauf von Blutgefäßen und Nerven notwendig. Jeder Reiter sollte auch das Bild von der Brückenkonstruktion kennen, um sich ständig klar zu machen, was es heißt, ein Pferd über den Rücken zu reiten.

Das Pferdeskelett setzt sich aus 215 Einzelknochen zusammen.

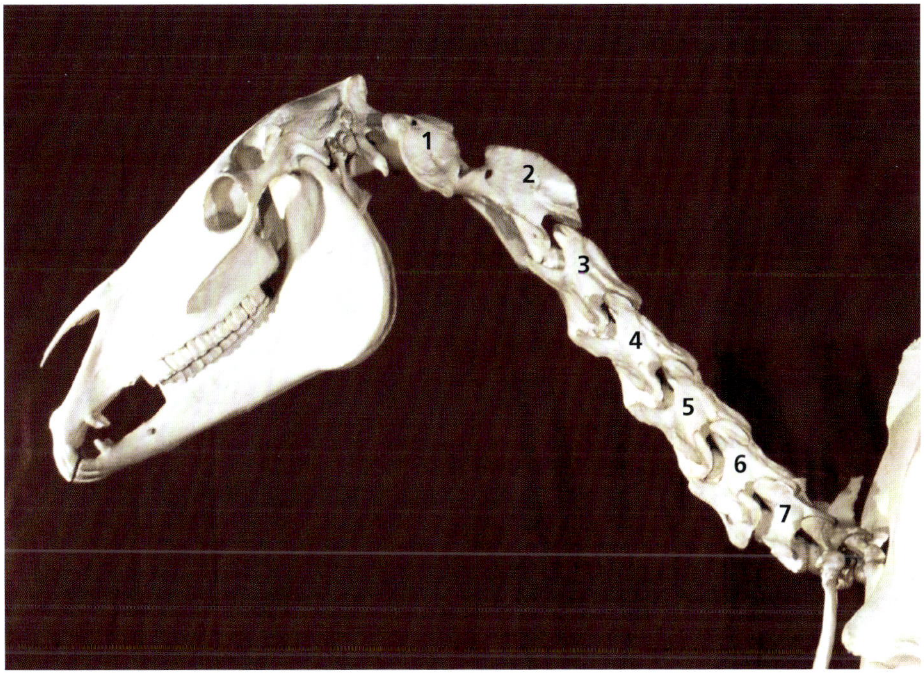

Die Halswirbelsäule des Pferdes besteht aus sieben Wirbeln. Erster und zweiter Halswirbel unterscheiden sich in ihrem Aufbau von den anderen Halswirbeln.

DIE WIRBELSÄULE

DIE HALSWIRBELSÄULE

Werfen wir zunächst einen Blick auf die Halswirbelsäule. Sie ist der einzige Teil der Wirbelsäule, der beim Menschen wie beim Pferd die gleiche Anzahl an Wirbeln aufweist, nämlich sieben. Auch die Bezeichnung des ersten und zweiten Halswirbels (Atlas und Axis) sind bei Mensch und Pferd identisch, ebenso ihre Bewegungsrichtungen.

Der erste Halswirbel ist über ein Gelenk mit dem Schädel verbunden, das wie jedes echte Gelenk von einer Gelenkkapsel umschlossen wird, jedoch über keine Bandscheibe verfügt. Das gilt auch für die Verbindung zum zweiten Halswirbel. Alle anderen Wirbel sind sowohl über Bandscheiben als auch über Gelenke mit ihren Kontaktpartnern verbunden. Auch der letzte sechste Lendenwirbel ist über Gelenke mit dem Kreuzbein verbunden. Zur Stabilisierung der Gelenke verlaufen zahlreiche Bänder, ober-, unterhalb und seitlich von ihnen.

Muskeln, Faszien, Bindegewebe und Haut sind von Nerven gesteuerte Bewegungselemente, die alle Wirbelsäulengelenke umgeben und mehr oder weniger von Blutgefäßen und Nerven durchzogen sind.

Die Gelenkverbindungen zwischen Schädel, erstem und zweitem Halswirbel nehmen von der Bewegung her eine Sonderstellung ein. Das Gelenk zwischen dem Schädel und dem ersten Halswirbel weist alle Bewegungsrichtungen auf, also Beugung, Streckung, Seitneigung und Rotation, während zwischen dem ersten und zweiten Halswirbel nur Rotation möglich ist. In diesem Abschnitt erfolgt, reiterlich gesehen, die Stellung im Genick. Ist das Pferd in diesem Bereich blockiert, neigt es zum Verwerfen und zum sogenanntem „falschen Knick", der sich zwischen dem zweiten und dritten Halswirbel ausbildet.

In allen weiteren Wirbelgelenken findet Beugung, Streckung, Seitneigung und Rotation statt, allerdings mit deutlichen Unterschieden in der Beweglichkeit.

Zwischen den einzelnen Wirbeln befinden sich die Bandscheiben, die im Verhältnis dünner sind als beim Menschen und die in der Brustwirbelsäule darüber hinaus keinen Bandscheibenkern aufweisen. Die Halswirbelsäule weist von der Seite gesehen eine C-förmige Biegung auf.
Dieses Wissen einer „groben“ Funktion und Haltung der unterschiedlichen Wirbelsäulenregionen ist wichtig für das richtige Verständnis des Reitens und der Ausführung von Lektionen. Osteotherapeutisch kann jeder einzelne Halswirbel palpiert (gefühlt) und mobilisiert werden. Der siebte Halswirbel, der zwischen den Schulterblättern verschwindet, ist allerdings von außen nicht zu fühlen.

Die Halswirbelsäule ist sehr beweglich.

Der knöcherne Eingang zum Brustkorb wird von den ersten beiden Rippen gebildet. Er ist sehr eng.

DIE BRUSTWIRBELSÄULE

Während die Halswirbelsäule der mit Abstand beweglichste Teil der Wirbelsäule ist, ist die Brustwirbelsäule deutlich starrer. Schon der Blick auf den Übergang von der Hals- zur Brustwirbelsäule zeigt, wie eng die räumlichen Verhältnisse im Bereich des Brustkorbs sind.
Durch diese enge Passage verlaufen die vom Herzen kommenden großen Blutgefäße. In dieser Region ist das große Nervengeflecht angesiedelt, das seine Äste auch in die Vorderbeine leitet. Hier verlaufen die Muskeln, die von den ersten Rippen zur Halswirbelsäule ziehen und ebenfalls hier treten Luft- und Speiseröhre in den Brustkorb ein.

Wenn man all dies bedenkt, dann muss jedem Reiter bewusst werden, was er seinem Pferd antut, wenn er es nicht in klassischer Dehnungshaltung, sondern in Rollkur mit Schlaufzügeln oder anderen, Hals verengenden Hilfsmitteln reitet.

Während die menschliche Brustwirbelsäule 12 Wirbel aufweist, besteht die Brustwirbelsäule des Pferdes aus 18 Wirbeln. Anders als beim Menschen sind die Dornfortsätze im

vorderen Teil sehr lang (bei ausgewachsenen Pferden bis zu 24 Zentimeter) und weisen schweifwärts, also nach hinten, während der Dornfortsatz des 15. Brustwirbels nahezu senkrecht nach oben zeigt. Die Dornfortsätze vom 16. Wirbel an weisen kopfwärts, sind also nach vorne geneigt. Letzteres gilt auch für die Dornfortsätze der Lendenwirbelsäule. Erst die Dornfortsätze des Kreuzbeins, das quasi die Verlängerung des Rückens darstellt, weisen wieder schweifwärts.
Der Widerrist wird von den ersten 12 Brustwirbeln geformt. Bei der natürlichen aktiven Haltung ist die Brustwirbelsäule ebenfalls leicht C-förmig aufgewölbt (siehe auch Brückenkonstruktion S. 84).

Von allen Brustwirbeln gehen Rippen aus, die über echte Gelenke die Brustwirbelsäule kontaktieren. Die vorderen acht Rippen sind zusätzlich ebenfalls über echte Gelenke mit dem Brustbein verbunden. Sie heißen Tragrippen. Die hinteren zehn Rippen sind nur als echte Gelenke mit dem 9. bis 18. Brustwirbel verbunden. Zum Bauch hin sind sie knorpelig als Rippenbogen miteinander verwachsen. Sie werden als Atmungsrippen bezeichnet. Diese Kenntnis ist von größter Bedeutung bei der Sattelanpassung. Wenn der Sattel auf dem Pferderücken liegt, müssen sich die Rippen beim Einatmen nach vorne und aufwärts bewegen. Nur so kann sich der Durchmesser des Brustkorbs vergrößern, sodass genügend Luft

Ein Pferd, das korrekt über den Rücken geritten wird, zeigt mit der Stirn-Nasenlinie dorthin, wo der Vorderhuf auftritt.

WIRBELSÄULE UND NERVEN

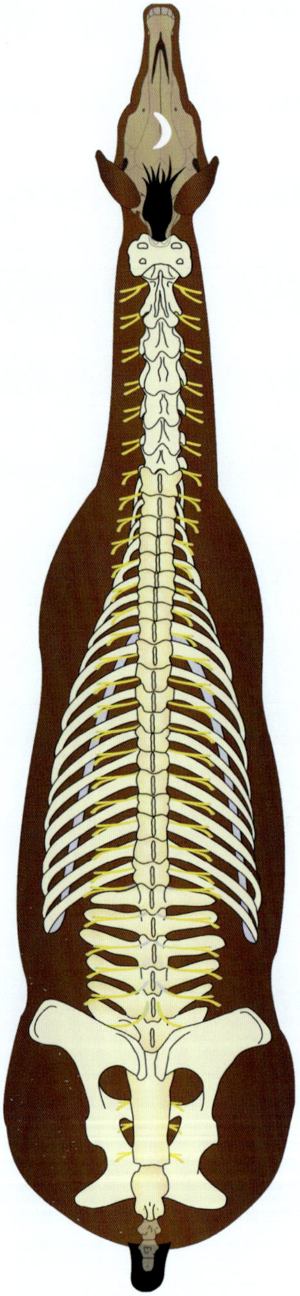

Die knöcherne Wirbelsäule von oben. Gelb eingezeichnet sind die Austrittsstellen der Nerven.

in die Lunge strömen kann. Wird diese Luftzufuhr behindert, wird das Pferd in seiner Leistungsfähigkeit eingeschränkt.

Besondere Beachtung muss auch dem sehr schmalen Brustbein gelten. Es ist im vorderen Bereich schiffskielartig geformt und verläuft nach hinten abgeplattet. Bei der Begurtung des Sattels, bei Longiergurt, Voltigiergurt und dem Kutschgeschirr muss deshalb auf eine gute Polsterung in diesem Bereich geachtet werden.

Blickt man auf die Wirbelsäule, stellt man fest, dass sich jeweils zwischen zwei Wirbeln Löcher befinden. Aus ihnen treten Nerven und Blutgefäße aus, die im Bereich der Brustwirbelsäule zwischen den Rippen zu unterschiedlichen Muskeln, Hautabschnitten und Organen verlaufen.

Üben ein fehlerhafter Sattel oder ein fehlerhafter Gurt zu viel punktuellen Druck aus, kann das zu schwerwiegenden Irritationen oder Schmerzen beim Pferd führen. Es wird dann mit entsprechenden Widersetzlichkeiten reagieren. Fälschlicherweise wird auch die Abwehr beim Putzen oft als Kitzeligkeit interpretiert.

Zum Reiterwissen sollte auch gehören, dass sich die größte Rotationsfähigkeit der Brustwirbelsäule im Bereich zwischen dem 9. und 14. Brustwirbel befindet. In dieser Region liegt auch das Bein des Reiters, um das sich das Pferd bei der Pirouette, der Traversale, der Volte, ja beim Durchreiten jeder Ecke oder Schlangenlinie biegt.

Der Schwerpunkt oder Massenmittelpunkt des Pferdes liegt kurz hinter dem Brustbein, unterhalb der Rumpfmitte. Er befindet sich also nicht in der Mitte des Körpers, sondern ist mehr nach vorne gelagert. Dementsprechend liegt das Körpergewicht des Pferdes vermehrt auf der Vorhand. Die Quellenangaben schwanken hier zwischen 55 und 58 Prozent für die Vorhand und 42 und 45 Prozent für die Hinterhand. Pferde, die nicht über den Rücken geritten werden, verlagern mehr als 45 Prozent ihres Gewichts auf die Vorhand.

DIE LENDENWIRBELSÄULE

Die Lendenwirbelsäule ist bei korrekter Haltung des Pferdes C-förmig nach oben gewölbt. Aber natürlich ist das Pferd auch in der Lage, seinen Rücken durchzubiegen, wenn es sich dehnt und reckt. Dies erkennt man, wenn man zum Beispiel ein Vielseitigkeitspferd beim Einsprung ins Wasser beobachtet oder ein Springpferd, das nach dem Hindernis auf den Vorderbeinen landet.

Im Gegensatz zum Pferd weist die natürliche Haltung der menschlichen Lendenwirbelsäule eine Lordose (Überstreckung) auf. Beim Menschen sind üblicherweise fünf Lendenwirbel vorhanden, beim Pferd sechs. Ausnahmen bilden z. B. Berberpferde und Esel mit fünf Lendenwirbeln.
Die Dornfortsätze der Lendenwirbelsäule sind, wie schon erwähnt, nach vorne ausgerichtet. Sie weisen also kopfwärts. In Abweichung zur menschlichen Lendenwirbelsäule weist die des Pferdes weit zur Seite reichende Querfortsätze auf, die an ihren Enden dicht aneinander stehen, sich berühren oder auch miteinander verwachsen können. Sie sind darüber hinaus mit starken Bändern, die zwischen den Querfortsätzen verlaufen, zusätzlich verbunden (s. Abb. S. 47). Hierdurch ist die Seitneigung stark eingeschränkt.
Eine gewisse Rotation ist möglich, wenn sich die Enden der Querfortsätze bei gleichzeitiger Aufwölbung der Lendenwirbelsäule etwas übereinander schieben. Insgesamt verfügt die Lendenwirbelsäule nur über ein geringes Bewegungsausmaß. Die größte Beweglichkeit ist am Übergang zur Brustwirbelsäule und zum Kreuzbein zu finden. Hier spielen sich vor allem Beugung und Streckung (Aufwölbung und Durchbiegung) ab.
An die Lendenwirbelsäule schließt sich das Kreuzbein an, das beim Fohlen noch aus fünf einzelnen Wirbeln besteht, die durch Knorpelscheiben miteinander verbunden sind. Sie verknöchern frühestens im Alter von fünf Jahren. Erst dann ist das Kreuzbein stabil.

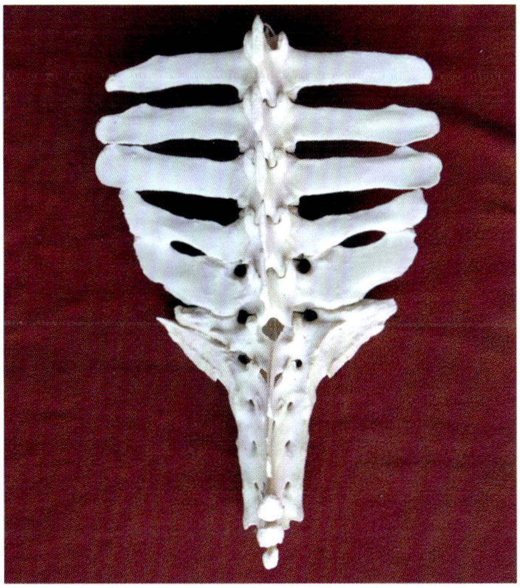

Die Lendenwirbelsäule des Pferdes hat breite Querfortsätze.

LENDENWIRBELSÄULE

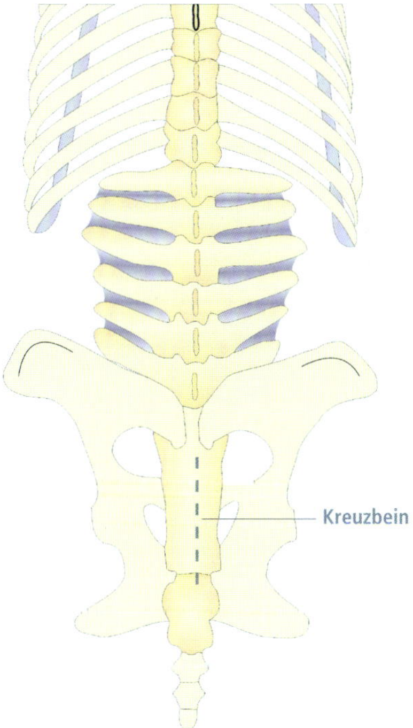

Die Fortsätze der Lendenwirbelsäule sind durch starke Bänder (hellblau) miteinander verbunden.

Angesichts dieser von der Natur vorgegebenen Verhältnisse ist es kritisch zu hinterfragen, wo der Sinn von Prüfungen bei drei- und vierjährigen Pferden auf Turnieren oder Championaten liegt. An das Kreuzbein schließen sich 15 bis 21 Schweifwirbel an, die ebenfalls durch Gelenke miteinander verbunden sind. Auch zwischen den Schweifwirbeln befinden sich Bandscheiben und auch hier verlaufen Nerven. Ich habe schon Pferde behandelt, die einen Schweifwirbel gebrochen hatten und sehr empfindlich waren.

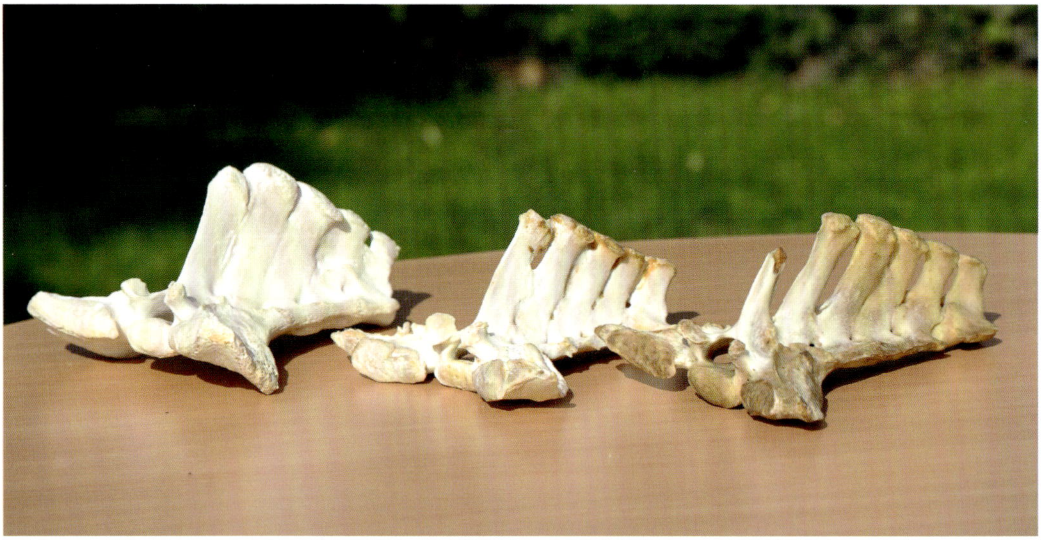

Kreuzbeine können sehr unterschiedlich in ihrer Form sein und unterschiedliche Grade der Verknöcherung aufweisen.

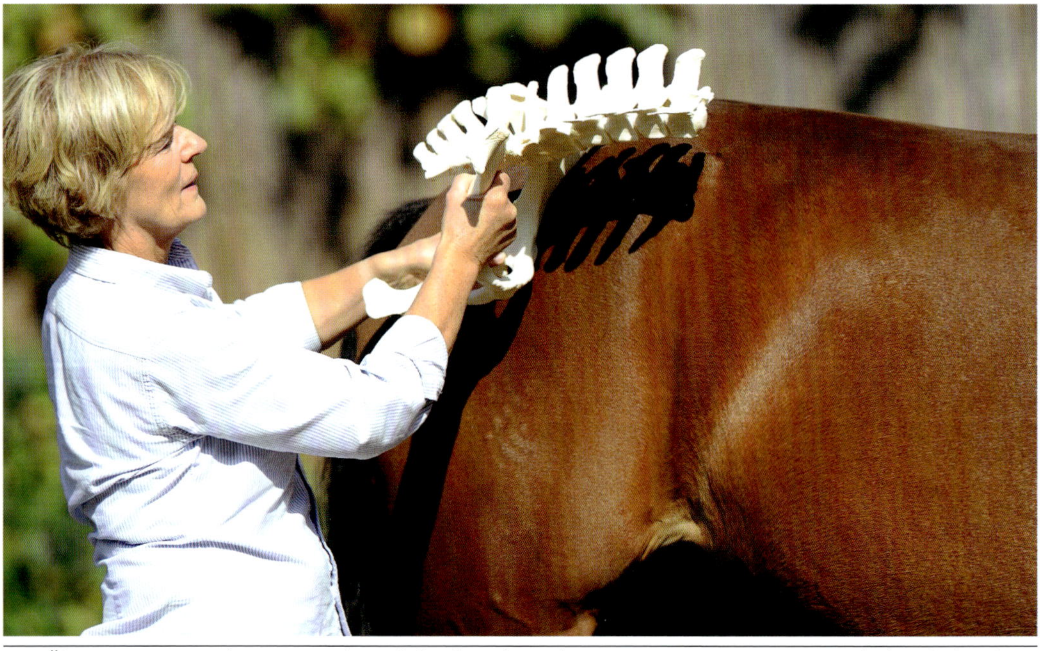

Der Übergang vom Kreuzbein zur Lendenwirbelsäule ist das wichtigste Bewegungszentrum am Ende des Pferderückens.

DIE GELENKE

Betrachtet man das Skelett, erkennt man, dass durch den Kontakt von zwei oder mehreren Knochen ein Gelenk gebildet wird.
Gelenke weisen unterschiedliche Formen auf. Das Schultergelenk beispielsweise ist ein Kugel- bzw. Eigelenk und verfügt über alle Bewegungsmöglichkeiten wie Beugung, Streckung, Seitneigung und Rotation. Anders verhält es sich dagegen beim Fesselgelenk. In diesem Scharniergelenk sind nur Beugung und Streckung möglich.
Die beiden knöchernen Gelenkanteile werden als Kopf (konvex, vorgewölbt) und als Pfanne (konkav, hohl) bezeichnet.
Beide Gelenkpartner sind an ihren Enden mit einer Knorpelschicht überzogen. Das Gelenk selber ist von einer Gelenkkapsel in Form einer Röhre umgeben, welche die beiden Knochen zusammenhält. In ihr befinden sich zahlreiche Sensoren, die dem Gehirn ständig mitteilen, wie und wo sich der Körper im Raum befindet.

AUFBAU EINES GELENKS

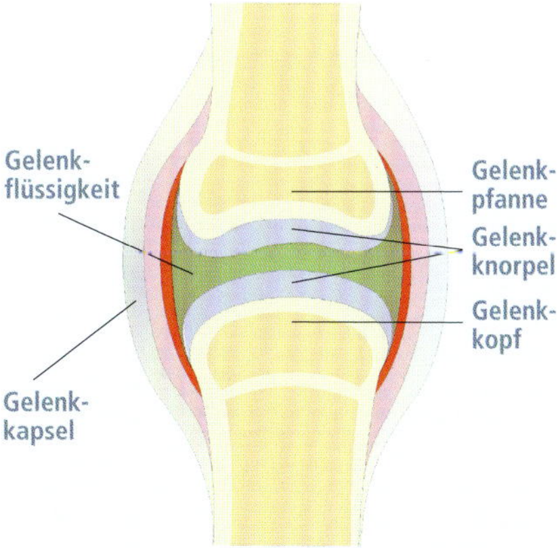

Gelenkkopf und Gelenkpfanne sind mit einer Knorpelschicht (hellblau) überzogen. Das Gelenk wird von einer Gelenkkapsel aus mehreren Schichten umgeben. Die innere Schicht (rot) bildet die Gelenkflüssigkeit (grün), die bei Bewegungen vermehrt in den Knorpel transportiert wird und ihn ernährt.

Gesunde Gelenke brauchen Bewegung.

Die Gelenkkapsel besteht aus mehreren Schichten, von denen die innere die Gelenkschmiere (Synovia) produziert. Diese gelblich schmierige Flüssigkeit wird beim Bewegen des Gelenks regelrecht in den Knorpel gedrückt. Die Ernährung eines Gelenks erfolgt also nicht über Durchblutung wie beim Muskel, sondern über Bewegung. Durch diese Bewegung wird die Synovialflüssigkeit sowohl produziert als auch in den Knorpel transportiert.
215 Gelenke und ca. 250 Muskeln müssen mit Hilfe von Nerven-, Blut- und Lymphgefäßen perfekt zusammenarbeiten. Auch dafür müssen sie sich täglich bewegen.
Aus diesem Grund ist auch ein ausreichend langes Schrittreiten vor dem ersten Antraben so wichtig. Denn nur so kommt das ganze System (besonders nach langem Stehen in der Box) allmählich in Gang.

DIE MUSKULATUR

Den aktiven Teil des Bewegungsapparates bilden die ins Skelett eingebauten Muskeln und ihre „Hilfseinrichtungen": Faszien, Sehnenscheiden und Schleimbeutel.

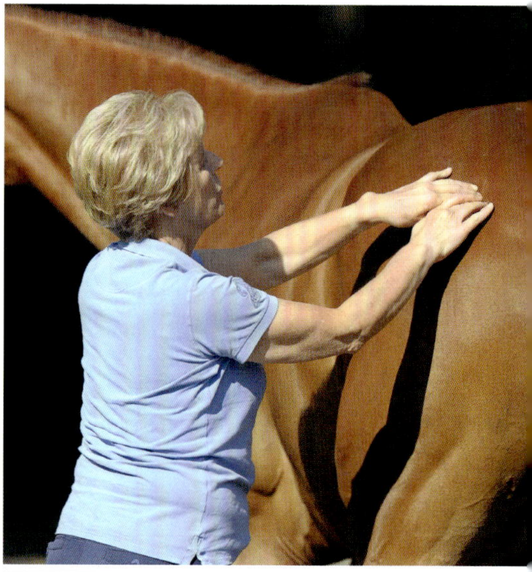

Mit Fingerdruck ausgeübte tiefgehende Massagen entspannen das Pferd.

AUFBAU UND FUNKTION

Alle Muskeln sind von Nerven durchzogen. Gibt ein Nerv einen elektrischen Impuls ab, zieht sich der Muskel zusammen. Im gleichen Maße werden die Nervenfühler des gegenüberliegenden Muskels gehemmt, sodass sich dieser entspannen und verlängern kann.
Ein Muskel besteht am Anfang und Ende aus einer Sehne, die im Knochen verankert ist. Sie zieht in der Regel über ein oder mehrere Gelenke. Man kann sagen, dass die Sehne aus dem Knochen herauswächst, in den Muskelbauch übergeht, der ein Gelenk überzieht, und das Ende des Muskels wieder in einer Sehne mündet, die in den Knochenpartner hineinwächst.
Dadurch sind die Muskeln imstande, die Skelettteile, zwischen denen sie „eingespannt" sind, gegeneinander zu bewegen oder bei Einwirkung von Kraft die Stellung zu halten. Neben einzelnen Körperteilen bewegen sie auch den Gesamtorganismus und übernehmen einen Teil der Körperlast. Die Muskeln sind zudem an der Erhaltung des Gleichgewichts beteiligt, an der Bildung der Wandungen der großen Körperhöhlen (z. B. Zwerchfell, Zwischenrippenmuskeln, Bauchdecke) und sie unterstützen die Tätigkeit der inneren Organe (Atembewegungen, Bauchpresse).
Muskeln sind gut durchblutet, sie werden über den Sauerstoff und die Nährstoffe, die mit dem Blut in die Muskulatur gelangen, ernährt. Gleichzeitig transportiert das Blut Kohlendioxid und Stoffwechselendprodukte aus den unterschiedlichen Körpergeweben ab und führt es den entsprechenden Ausscheidungsorganen zu. Diese Prozesse sind (neben der Ernährung des Lebewesens) auch von der Bewegung abhängig.
Mit diesem Wissen und Bewusstsein benötigt es nicht mehr viel Fantasie, um sich vorzustel-

ZAHLEN

Die Muskulatur des Pferdes besteht aus ca. 250 Muskeln, der Anteil der Muskulatur am Gesamtkörpergewicht beträgt 37 bis 45 Prozent.

Ausreiten ist Entspannung für Pferd und Reiter. Es bewegt Muskeln, Faszien und Gelenke in anderer Weise, als auf dem Reitplatz.

len was ein Pferd empfindet, wenn der Sattel drückt und die Rückenmuskulatur nicht mehr richtig durchblutet wird. Wenn der Hufmechanismus durch zu enge Hufeisen eingeschränkt und dadurch die Durchblutung der Hufe reduziert ist. Und/oder wenn ein Pferd in „Rollkur" oder mit Schlaufzügeln eng geritten wird, dadurch wichtige Gefäße komprimiert werden und in der Folge nicht mehr genügend Blut in die Gliedmaßen, Hals- und Rückenmuskeln gelangt.

Das Pferd verspürt vor allen Dingen Schmerzen! Es wird weder freudig vorwärts noch locker über den Rücken gehen können. Wenn ein Reiter dann meint, das Pferd sei ein „Drückeberger", weil es sich festhält, und er deshalb längere Gerten und schärfere Sporen einsetzt, wird er zum Tierquäler.

MUSKEL, SEHNE, KNOCHEN

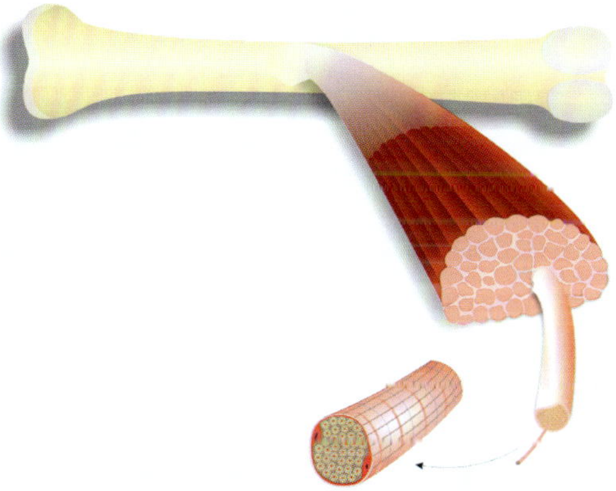

Der Muskel wächst mit seiner Sehne regelrecht in den Knochen hinein.

WIE ARBEITET DIE MUSKULATUR?

Aufgabe der Muskeln ist es, den Körper oder einzelne Körperteile zu bewegen und zu durchbluten. Dafür müssen sie Gelenke beugen, strecken, zur Seite neigen und/oder rotieren. Es gibt Muskeln, die nur eine Funktion ausüben, aber auch solche die sich zum Beispiel strecken und rotieren oder beugen und rotieren und zur Seite neigen.

Ein Muskel muss sich auf seine Nervenimpulse hin zusammenziehen, während der ihm gegenüberliegende Muskel, Gegenspieler oder Antagonist genannt, nachgeben und sich verlängern muss. Wie wichtig dieses Zusammenspiel der Muskeln ist, verdeutlichen die Beispiele von der Anspannung (Verkürzung) des Armkopfmuskels und dem Nachgeben des breiten Rückenmuskels.

Beispiel 1: Der Armkopfmuskel

Der Armkopfmuskel ist der kräftigste Vorführer der Vordergliedmaße. Er kann das Vorderbein aber nur dann ungehindert nach vorne führen, wenn sein Gegenspieler, der breite Rückenmuskel, als kräftiger Rückführer der Vordergliedmaße dehnfähig genug ist, und die komplette Bewegung des Armkopfmuskels zulässt. Stoppt der Rückführer aber z. B. durch eine Prellung, einen Satteldruck oder ein klemmendes Reiterbein die Bewegung des Armkopfmuskels, versucht dieser zunächst mit immer mehr Kraftaufwand, seine Funktion trotzdem durchzuführen. Dabei wird er aber früher oder später überfordert und verspannt oder verkrampft sich. Das Pferd verliert seine locker nach vorne ausgreifende Bewegung des Vorderbeins (vgl. Abb. S. 53).

ZUSAMMENSPIEL DER MUSKELN

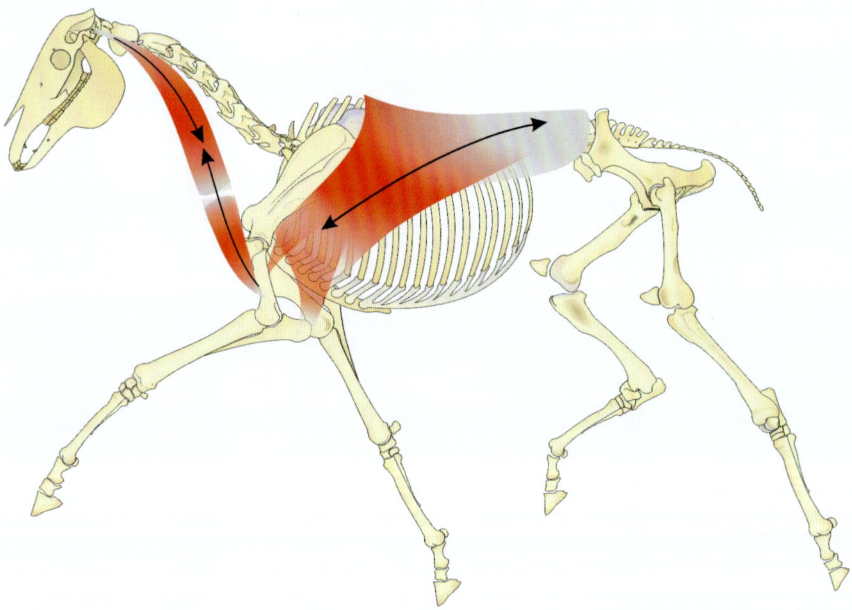

Spannt sich der Armkopfmuskel (links, Agonist) an, zieht er das Vorderbein nach vorne. Der vollständige Bewegungsweg ist nur möglich, wenn der Rückenmuskel (rechts, Antagonist) genügend nachgeben kann und nicht durch einen drückenden Sattel, Narben, Verletzungen oder Gelenkblockierungen daran gehindert wird.

Erhobener Schweif, Hals und Kopf gehen immer mit weggedrücktem Rücken einher.

Beispiel 2: Bauch- und Rückenmuskulatur

Als weiteres Beispiel sei das Zusammenwirken von Bauch- und Rückenmuskulatur genannt. Die gerade Bauchmuskulatur zieht vom Brustbein bis zum Schambein. Spannt sie sich an, nähern sich Brustbein und Schambein an und der Rücken wölbt sich als leichter Bogen nach oben. Das kann jedoch nur funktionieren, wenn die Rückenmuskulatur nachgibt, sich also dehnt.

Ist sie verspannt, weil der Reiter mit seinem Sitz in den Rücken des Pferdes „hämmert", anstatt weich nach vorne einzusitzen oder setzt der Sattel den Reiter zu weit in den Rücken, wird die Bauchmuskulatur zunächst ihr Bestes versuchen, um die Aufwölbung des Rückens zu unterstützen. Bald wird sie aber erschöpft durchhängen und die Rückenmuskulatur

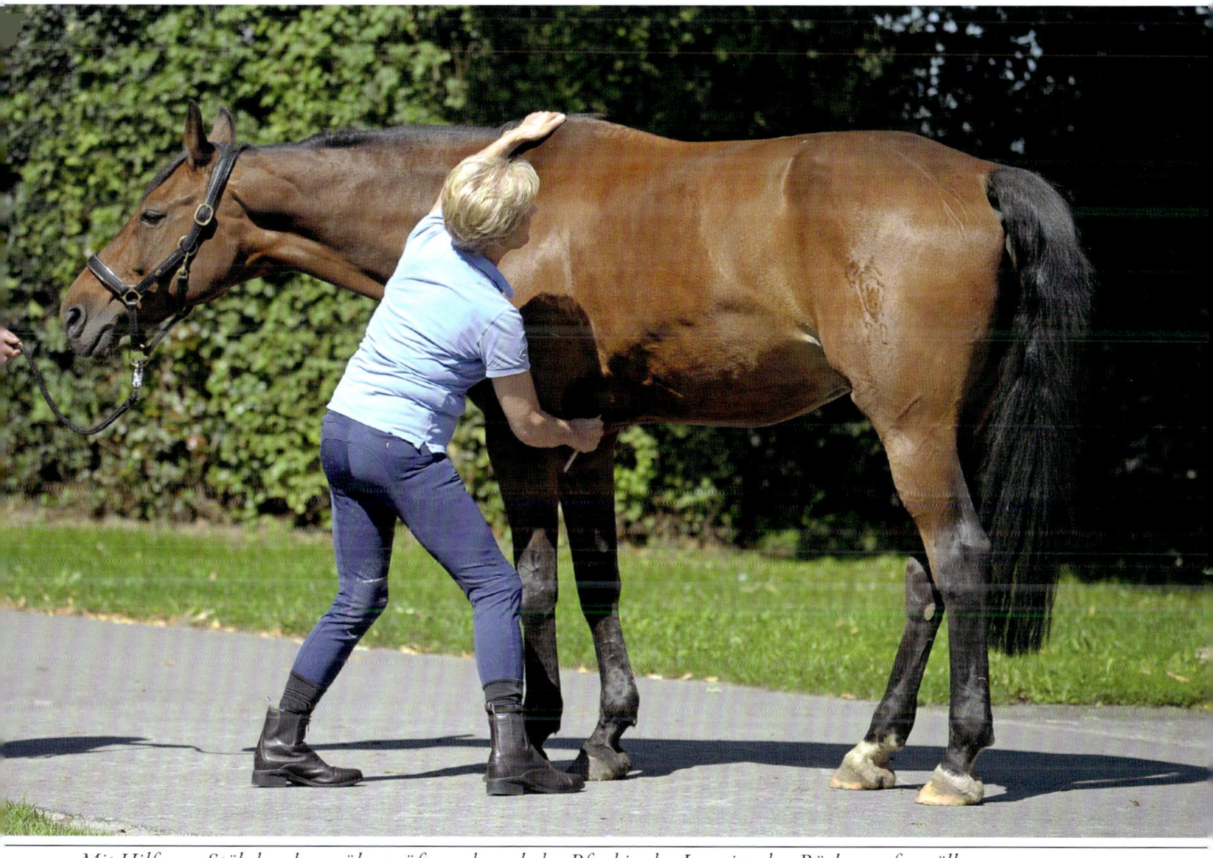

Mit Hilfe von Stäbchen kann überprüft werden, ob das Pferd in der Lage ist, den Rücken aufzuwölben.

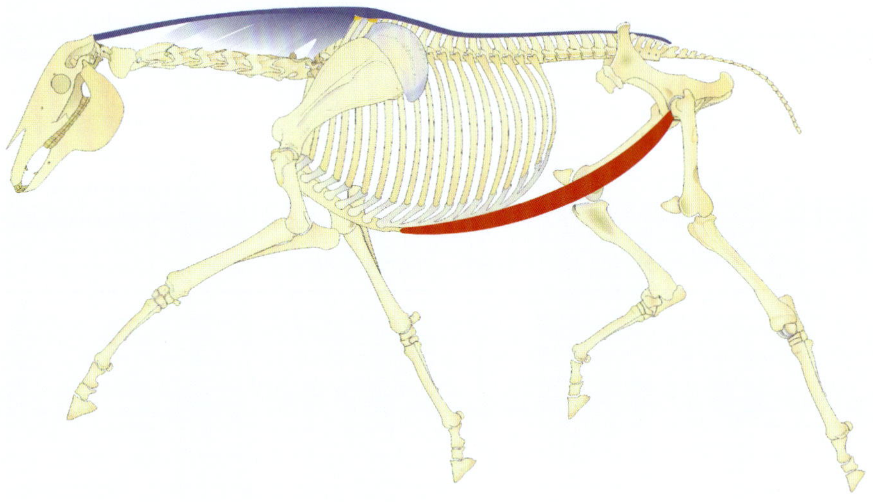

Bei einem aufgewölbten Rücken dehnt sich nicht nur die Oberlinie, sondern es spannt sich als Gegenspieler (Antagonist) auch die Bauchmuskulatur an.

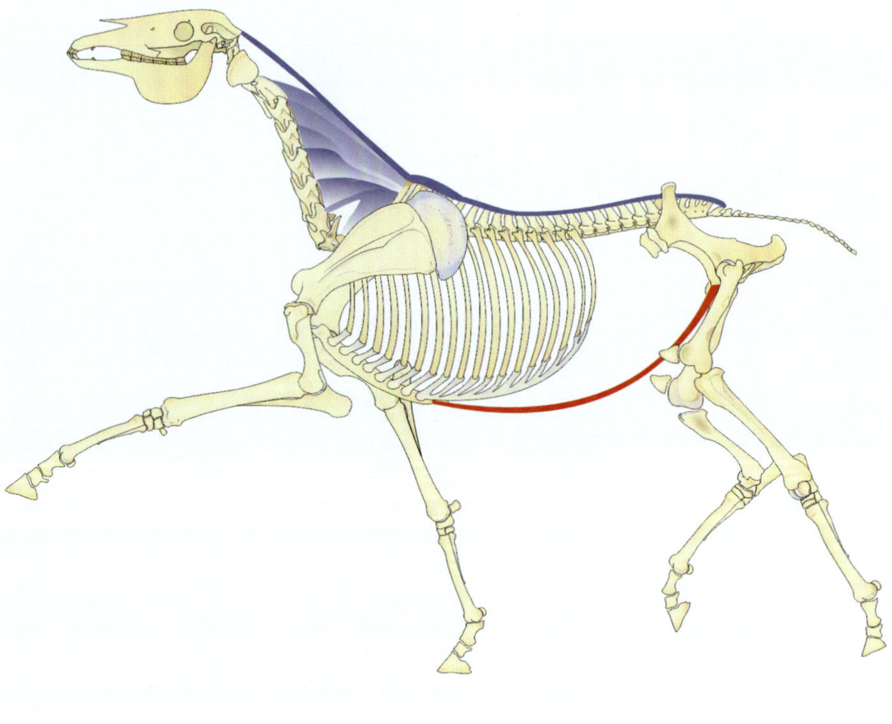

Bei einem durchgedrückten Rücken verspannt und verkürzt sich die gesamte Rückenmuskulatur, während die Bauchmuskulatur erschlafft.

kommt nicht weiter in Dehnung, sondern verspannt sich. Die Wirbelsäule hängt durch. Schlimmstenfalls kommt es zur Kissing Spine, also zum schmerzhaften Engstand oder zum Berühren der Dornfortsätze. Bleibt dieser Zustand lange bestehen, können zwei Dornfortsätze sogar knöchern miteinander verwachsen.

Beispiel 3: Gesäßmuskel und Lendenmuskel

Als drittes Beispiel sei das Zusammenspiel vom großen Gesäßmuskel und den inneren Lendenmuskeln genannt. Beim Vorführen des Hinterbeins kommt es im Hüftgelenk zur Beugung. Diese wird wesentlich von den inneren Lendenmuskeln ausgeführt, die von der unteren Fläche der Wirbelsäule kommen und zum Becken sowie an die innere Seite des Oberschenkels ziehen. Spannen sich also die inneren Lendenmuskeln an und führen dadurch das Bein unter den Pferdekörper, muss sich der Gesäßmuskel dehnen. Dabei übt er auch einen Dehnungszug auf den langen Rückenmuskel aus, weil ein Teil seiner Fasern an der Faszie dieses Muskels entspringt.

Übt der Reiter mit seinem zu weit nach hinten verlagerten Gewicht oder über einen zu langen Sattel zu viel Druck auf den langen Rückenmuskel aus, hat der Gesäßmuskel nicht genügend Kraft und Ausdauer, um diesem Zug entgegenzuwirken. Er verspannt und verkürzt sich und kann sich nicht mehr ausreichend dehnen. Dadurch verhindert er mehr und mehr das Untertreten des Hinterbeins. In der Folge wird das Pferd verstärkt nach hinten heraustreten. Der Schwung (Skala der Ausbildung!) geht mehr und mehr verloren, ebenso die Vorwärts-Aufwärts-Tendenz des Pferdes. Den Schwerpunkt wird das Pferd weiter nach vorne verlagern und damit mehr Belastung auf die Vordergliedmaßen bringen. Veränderungen an den Gliedmaßengelenken, Überlastungen von Sehnen und Bändern sowie Verformungen des Hufes durch nicht achsengerechte Belastungen sind zwangsläufig die Folgen, die uns Osteotherapeuten in der täglichen Arbeit begegnen.

Wie ein Uhrwerk

Letztlich stehen so alle Muskeln funktionell in Verbindung wie die Zahnräder eines mechanischen Uhrwerks. Hakt ein Rädchen, leidet die ganze Mechanik. Die Arbeit des Osteotherapeuten kann mit der eines Feinmechanikers verglichen werden. Erfolgreich wird sie aber nur dann sein, wenn die Störfaktoren konsequent ausgeschaltet werden, egal ob es sich um Equipment, Art des Reitens, Haltung, Fütterung oder eine Kombination aus diesen Faktoren handelt.

Übt der Reiter zu viel Druck auf den langen Rückenmuskel aus, verspannt sich der Gesäßmuskel des Pferdes. Dadurch verhindert er, dass das Hinterbein ausreichend unter tritt.

FASZIEN

Eine vollständige osteotherapeutische Behandlung ist ohne die Untersuchung und Behandlung der umhüllenden Strukturen und Bindegewebe des Körpers gar nicht denkbar. Heute sind Faszien in aller Munde. Doch schon Andrew T. Still hatte zu Beginn des 20. Jahrhunderts die Bedeutung der Faszien für die Selbstheilung und die Gesundheit erkannt. Nicht nur für die Wahrnehmung des eigenen Körpers in Haltung und Bewegung stellen die Faszien ein intelligentes Sinnesorgan dar.

Pferde beknabbern sich gegenseitig an den Verbindungen der Faszien, wie z. B. am Schulterblatt und Widerrist.

AUFBAU UND FUNKTION

Faszien gehören zum Bindegewebe und bestehen aus Zellen sowie einer extrazellulären Matrix. Sie umhüllen Muskeln und Organe, aber auch Gefäße, Lymphbahnen und Nerven. Faszien sind dafür verantwortlich, dass Organe ihre Form behalten. Außerdem fixieren sie die Organe unter anderem an der Wirbelsäule, den Rippen, am Zwerchfell und untereinander, denn der Darm, die Nieren, die Leber, der Uterus, die Blase usw. „schwimmen" keineswegs ungeordnet in der Körperhöhle herum – weder beim Menschen, noch beim Pferd oder bei Hund oder Katze.

Die bindegewebigen Hüllen sind primär Zugbelastungen ausgesetzt. Sie können durch ihr elastisches Verhalten Bewegungen, die auf den Körper einwirken, resorbieren (dämpfen) und auch weiterleiten. Werden die Faszien einer Region unter Zug gesetzt, reicht die Weiterleitung bis in kleinste Bereiche des Körpers. Diese Weiterleitung kann man vergleichen mit einem Seidentuch, das auf einer Tischplatte liegt. Übt man mit dem Finger einen leichten Zug aus, wirft es nicht nur an der Zugstelle Falten, sondern auch im weiter entfernten gegenüberliegenden Teil.

Der gesamte Körper wird von einer großen, oberflächlichen Faszie umhüllt. Sie zieht aber auch in das Körperinnere, verzweigt sich dort vielfach und teilt den Körper in mehrere Abschnitte. Die Faszie gewährleistet nicht nur die Aufhängung und Befestigung jedes Organs an seinem Platz, sondern auch das reibungslose Aneinandergleiten sämtlicher Strukturen.

Die Aufgaben und Funktionen der Faszien sind vielfältig. Fasziennetze umgeben, umkleiden, trennen, schließen ein, unterteilen, lenken Flüssigkeiten, schützen, isolieren und bilden Puffer für Organe, Knochen, Nerven, Muskeln und Gefäße. Jeder Muskel, jedes Muskelbündel, jede Muskelfaser, jeder Nerv wird von Fasziennetzen umgeben und verbindet damit jede Zelle mit ihrem Nachbarn.

Die silbrige Haut dieses Bratenstücks ist die oberflächliche Faszie.

Die oberflächliche Faszie teilt sich vielfach und setzt sich bis in die Tiefe zum Knochen fort. Die helle Aderung dieser Beinscheibe sind ebenfalls Faszien.

FASZIENTECHNIKEN

Nach unseren Erfahrungen sprechen insbesondere Pferde sehr gut und dankbar auf die Behandlungstechniken sämtlicher Faszien und Bindegewebe an. Dabei stellen die Faszientechniken nicht nur „Alternativ-Techniken" für Fohlen oder alte Pferde dar, die nicht manipuliert werden sollten. Auch bei der Betreuung von Sportpferden und in der

Mit vorsichtigen Fasziengriffen nähert man sich nach und nach den tieferen Verspannungsschichten.

Rehabilitationsphase nehmen sie einen großen Stellenwert ein. Insbesondere bei der Behandlung älterer Blockaden und/oder Krankheiten und ihren Kompensationsmustern zeigt sich, dass diese erst erfolgreich „aufgeräumt" werden können, wenn die umgebenden Weichteile berücksichtigt werden. Nicht zuletzt spielen die klassischen Fasziengriffe eine große Rolle für die Nachbehandlung des Pferdes durch den Besitzer, Reiter oder Trainer. Vielfach hat es sich bewährt, diese in das Behandlungskonzept mit einzubeziehen, wodurch sich der Erfolg einer Behandlung auch längerfristig manifestiert. Zudem verbessert sich das Gespür und Verständnis der Betreuer für die Pferde. (Siehe auch Kapitel „Handgrifftechniken zur Anwendung durch den Reiter", S. 90).

Faszien haben also vielfältige Aufgaben und es ist von größter Bedeutung, dass ihre Flexibilität im gesamten Körper aufrecht erhalten bleibt.

In ihrer Funktion als Stoßdämpfer sind gesunde elastische Faszien in der Lage, starke Belastungen auf Muskulatur oder Organe abzufangen, sodass Verletzungen und Störungen der Organtätigkeit verhindert werden. Faszien brauchen mechanische Belastung, um ihre Stabilität und Elastizität zu erhalten. Die Gymnastizierung des Pferdes dient also auch der Mobilerhaltung der Faszien. Kommt es jedoch zu Stürzen, Knochenbrüchen, Gewebeprellungen, Muskel- und Sehnenentzündungen, können die Faszien sich nicht mehr selbst korrigieren und sie verkleben. Verklebte und verkürzte Faszien kann jeder Reiter und Pferdebesitzer mit gezielter Anleitung selbst mobilisieren. Auch bei alten Einschränkungen und Verklebungen ist eine Behandlung wichtig. Häufig führen Narben zu erheblichen Störungen. Das Bindegewebe wird unter Spannung gesetzt und verliert an Elastizität, auch in angrenzenden Gebieten. Bewegungseinschränkungen an Faszien sind meist sehr schmerzhaft.
Da jedes Pferd sehr unterschiedlich auf die mobilisierenden Handgriffe reagieren kann, ist die Wahl und Intensität der Behandlungstechniken individuell auf jedes Pferd abzustimmen.

GUT DURCHFEUCHTET

Faszien können sehr unterschiedlich in ihrer Stärke sein. Sie können sowohl fest und regelrecht schwartig sein, aber auch als dünne elastische Häute vorkommen. Für die Funktion der Faszien ist auf jeden Fall von Bedeutung, dass sie gut durchsäftet sind, also über eine gute Flüssigkeitsversorgung verfügen. Es ist daher notwendig, dass dem Pferd ständig genügend Wasser zur Verfügung steht. Ein mittelgroßes Pferd nimmt bis zu 50 Liter Wasser täglich auf.

DIE INNEREN ORGANE

Der osteotherapeutischen Behandlung der inneren Organe des Pferdes wurde in den Anfängen der Osteotherapie kein großer Behandlungsspielraum eingeräumt. Das ist heute anders.
Durch das Gewicht der Bauchorgane, die bei einem stehenden Pferd auf der Bauchdecke lasten, wird bei einer Behandlung das Erfühlen einzelner Organe erschwert. Beim Menschen wie auch zum Beispiel bei einem Hund können durch die Rückenlage, in der die Bauchdecke weich ist, Organe wie Leber, Magen, Darmanteile, die Nieren und die Blase deutlicher gespürt und damit auch direkt behandelt werden.
Doch auch beim stehenden Pferd kann eine geübte osteotherapeutische Hand durch einfühlsame, weiche Techniken (Listening) Einfluss auf die Mobilität und Motilität (Eigenbewegung der Organe wie zum Beispiel die Darmperistaltik) nehmen, um deren Vitalität zu verbessern. Auch bei Beschwerden und Blockaden des Bewegungsapparates sind die inneren Organe und mögliche Bewegungseinschränkungen zu berücksichtigen. Da zum Beispiel große Anteile des Darms über bindegewebige Verbindungen und Bänder an der Wirbelsäule aufgehängt sind, nimmt der Darm, ebenso wie die Schwerkraft, Einfluss auf den Rücken des Pferdes. Erkrankungen des Darms, Sandablagerungen und Kotsteine können die Bewegung des Darms einschränken und durch den dadurch verstärkten Zug auf die Bindegewebe und Bänder der Bauchorgane den Rücken des Pferdes in seiner Beweglichkeit beeinträchtigen. Es könnte dem Pferd somit schwerer fallen, ihn aufzuwölben und über den Rücken zu gehen. Um die Wechselwirkung von Behälter (Knochen) und Inhalt (Organe) zu verdeutlichen, ein ähnliches Beispiel aus dem Beckenbereich.
Die gynäkologischen Organe, die im Becken liegen, sind über starke Bandverbindungen mit dem Ende der Lendenwirbelsäule und besonders innig mit dem Kreuzbein und dem Kreuz-Darmbein-Gelenk verbunden. Durch Volumenschwankungen in der Gebärmutter während der Rosse oder der Trächtigkeit können über die Bänder veränderte Züge auf das Becken und das Kreuzbein entstehen. Dadurch kann sich die Stellung des Beckens zeitweise verändern, sodass Kurztrittigkeit und Steifigkeit ebenso wie Rückenschmerzen und Ischiasprobleme auftreten können. Damit einher gehen möglicherweise auch Widersetzlichkeiten. Häufig verschwinden diese Symptome nach einiger Zeit wieder, machen aber deutlich, wie eng Organe und Bewegungsapparat zusammenhängen.

DIE ORGANE DES BRUSTKORBS

Zu den lebensnotwendigen Organen des Brustkorbs gehören das Herz und die Lungen. Sie werden durch 18 paarig angelegte Rippen, 18 Brustwirbel und das Brustbein auf der nach unten zeigenden Seite des Brustkorbs geschützt. Ebenso geschützt verlaufen im Innern des Brustkorbs die Hauptschlagader und die Speiseröhre sowie sämtliche Nerven, Blut- und Lymphgefäße.

DAS HERZ

Das Herz eines mittelgroßen Pferdes ist etwa kindskopfgroß und lässt durch rhythmische

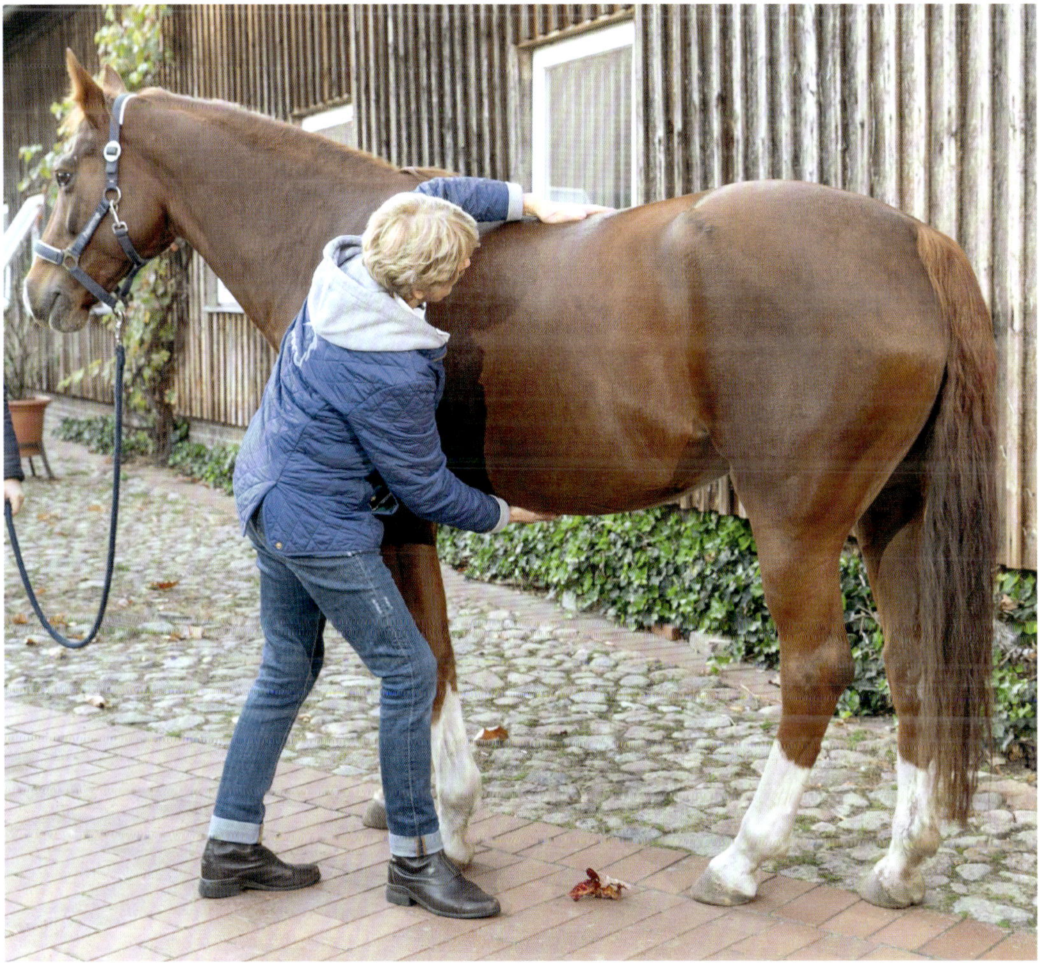

Die Organe werden über den Brustkorb und die Wirbelsäule durch Listening-Techniken indirekt beeinflusst.

DIE LINKE KÖRPERSEITE DES PFERDES

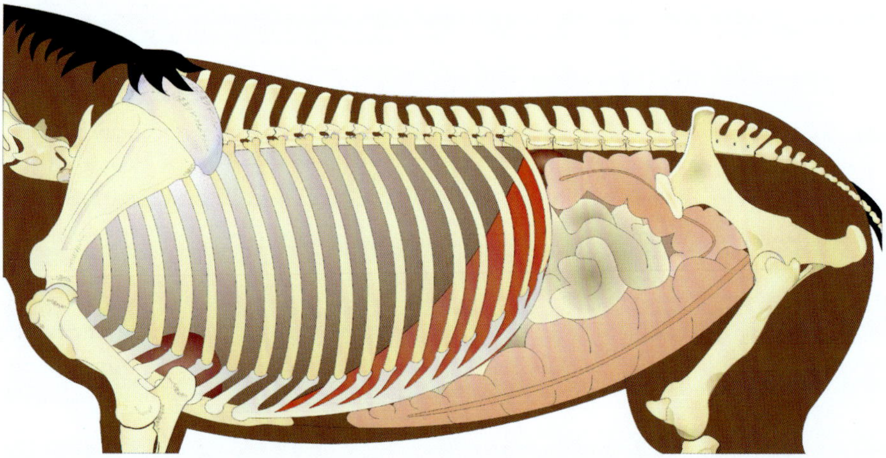

Die Organe im Bauchraum des Pferdes sind ebenso wenig wie die des Menschen auf beiden Seiten gleich angelegt. Auf der linken Seite liegen Teile des Dünndarms, Dickdarms sowie die Milz, die hier nicht dargestellt ist.

Pumparbeit 40 bis 50 Liter Blut zirkulieren. In Ruhe lässt sich eine Herzfrequenz von 28 bis 44 Schläge pro Minute feststellen, die allerdings bei körperlicher Belastung auf bis zu 240 Schlägen pro Minute ansteigen kann. Durch Pulskontrollen kann man diese Frequenz messen, um die Belastbarkeit und den Trainingszustand des Herzens zu beurteilen. Etwa zehn Minuten nach dem Training bzw. der erfolgten Belastung sollte sich der Herzschlag in die Ruhefrequenz normalisiert haben. Über den sogenannten großen Körperkreislauf verteilt das Herz das sauerstoffreiche Blut von der linken Herzkammer über das System der Arterien in den ganzen Körper zur Durchblutung aller Organe, Muskeln, Bindegewebe und auch Knochen. Über das venöse System wird das sauerstoffarme Blut dann zurück in die rechte Herzkammer geleitet, von der es dann in den kleinen Blutkreislauf, den sogenannten Lungenkreislauf, gepumpt wird. Hier findet der Gasaustausch statt. Das sauerstoffarme Blut gibt in der Lunge Kohlenstoffdioxid ab, wird mit Sauerstoff angereichert und gelangt dann wieder als sauerstoffreiches arterielles Blut zur linken Herzkammer.

HERZGEWICHT

Das Herz des Kaltblüters (Schrittpferde) macht 0,6 Prozent des Körpergewichts aus. Beim Vollblüter beträgt das Herzgewicht ein Prozent des Körpergewichts. Das durchschnittliche Herzschlagvolumen beträgt 850 Mililiter. Bei einer Herzfrequenz von 200 Schlägen/Minute werden 170 Liter Blut/Minute befördert. Bei trainierten Pferden vergrößern sich das relative und das absolute Herzgewicht.

DIE LUNGE

Die Lunge eines Pferdes füllt mit ihrem rechten und linken Lungenflügel den Brustkorb weitgehend aus und besteht aus weichem, hochelastischem, blassrosa Lungengewebe. Im linken Lungenflügel befindet sich ein deutlicher Einschnitt für das pumpende Herz.

Die Luftröhre zieht vom Kehlkopf zu den Bronchien und führt die Atemluft beim Einatmen in die Lunge und beim Ausatmen wieder aus dem Körper heraus. Um diesen Transportweg für die Luft jederzeit aufrecht zu erhalten, verhindern 50 bis 60 Knorpelspangen, die in die Luftröhre eingelagert sind, dass sie kollabiert. Etwa auf Höhe der fünften Rippe teilt sich die Luftröhre in die Hauptbronchien, die sich jeweils im rechten und linken Lungenflügel bis zu den kleinen Atmungsbronchiolen verästeln. An deren Enden befinden sich die Lungenbläschen, die engmaschig in ein Netz aus Nerven, Blut- und Lymphgefäßen eingebunden sind. Hier findet der Gasaustausch statt.

Trotz der Schutzfunktion für Herz und Lunge stellt der Brustkorb kein starres Knochengerüst dar. Durch die knorpeligen Verbindungen der Rippen zum Brustbein und der Beweglichkeit der dazugehörigen Wirbelsäule kann sich das System an das Schlagen des Herzens, die Atembewegungen und rhythmisch wechselnden Volumenschwankungen der Lungenflügel anpassen. Besonders die Landung nach einem Sprung stellt dieses System vor Herausforderungen und setzt eine gute Beweglichkeit des Brustkorbs voraus. Hier sind neben der muskulären Aufhängung der Schultergliedmaße und deren Stoßdämpfer die Elastizität der Rippenknorpel und die Biegsamkeit des Brustbeins gefragt.

Störungen und Blockierungen des „Behälters" (Brustkorb) ziehen auch Konsequenzen der Atemtiefe und damit der Atemkapazität nach sich und können so Einfluss auf Lunge und Herz nehmen.

Krankheiten der Lunge und der Bronchien sind beim Pferd neben den Lahmheiten der häufigste Krankheitskomplex. Eine differenzierte Betrachtung der Wechselwirkungen von Bewegungsblockierungen und Organen

Blockierungen im Brustkorb beeinflussen Atemtiefe und Atemkapazität und somit die Leistungsfähigkeit.

Die Mobilisation des Widerrists führt zu verbesserter Rippenbeweglichkeit und damit zur Vergrößerung des Atemvolumens.

kann bei einigen Atemwegspatienten für die osteotherapeutische Behandlung wegweisend sein. Eine nachvollziehbare Ursache-Folge-Kette ist die klassische „blockierte Rippe“. Wir Menschen verwechseln sie bei uns selbst häufig mit Herzschmerzen oder haben das Gefühl, ein Messer zwischen den Rippen zu haben. Auch können blockierte Rippen neben den Schmerzen Beklemmungen und Ängste auslösen. Bei jedem tiefen Einatmen empfindet der Betroffene einen stechenden Schmerz, der ihn dann dazu veranlasst, nur noch flach, aber dafür schneller zu atmen. Das Pferd, welches dieses stechende Schmerzen beim Einatmen nur schwer zum Ausdruck bringen kann, wird ebenso mit flacher, hochfrequenter Atmung reagieren. Die sehr empfindlichen, den gesamten Brustraum ausfüllenden Lungen des Pferdes sind aber auf tiefes Belüften aller Lungenbläschen in allen Lungenlappen angewiesen, um gesund zu bleiben.

Vergessen wir hier nicht, dass schlecht sitzende, kneifende Sättel oder Longiergurte, schlechtes Bauchgurtmaterial oder Vorgurte keine Erleichterung für eine freie Brustkorbbeweglichkeit, entspanntes lösendes Seufzen, Abschnauben und tiefes Durchatmen sind. Im Gegenteil nähren sie unserer Erfahrung nach häufig den Teufelskreislauf einer beginnenden Lungenproblematik.

Haltungsfehler, Staub und Schimmel werden dann das System weiter aus dem Gleichgewicht bringen. Erreger und Keime ziehen ein und der produzierte Schleim kann nur begrenzt wieder ausgeworfen werden.

Die Belüftung des rechten und linken Lungenflügels findet, neben der Beweglichkeit der Rippen, auch durch die Bewegung des Atemmuskels (Zwerchfell) statt. Er trennt die Brusthöhle von der Bauchhöhle und bewegt sich beim Zusammenziehen in Richtung Bauchraum, wodurch die Luft in den Brustraum eingesogen wird.
Der für den Atemmuskel zuständige Nerv (Nervus phrenicus) stammt aus den Zwischenwirbellöchern der unteren Halswirbelsäule (5. bis 7. Halswirbel) und bewirkt das rhythmische Anspannen des Zwerchfells.
So lässt sich hier der osteotherapeutische Gedanke einfach weiterdenken, inwiefern Ausbinder, Schlaufzügel, Rollkur, Blockierungen und Verspannungen, aber auch chronische Veränderungen oder Traumata auf die Atmung Einfluss nehmen können.
Umgekehrt konnten wir in einigen manualtherapeutischen Untersuchungen Blockierungen der unteren Halswirbelsäule feststellen, obwohl die Pferde artgerecht geritten wurden. Auch war es zu keinen Stürzen gekommen, aber Infekte oder Allergien hatten zu einer Lungenerkrankung geführt. Die Erkrankung der Lunge kann wiederum über den eben genannten Zwerchfellnerv fehlerhafte Informationen an das Nervensystem senden, die dann im Bereich des Nervenursprungs in der unteren Halswirbelsäule zu wiederkehrenden Blockierungen der Halswirbel führen. Ein klassischer Teufelskreis.
Bei chronischen Atemwegserkrankungen sollte, neben der Behandlung des Brustkorbs und der Atemmuskulatur, ebenso die sanfte Mobilisierung der Halswirbelsäule erfolgen, sofern sie in der Bewegung eingeschränkt ist.

DIE BAUCHORGANE

DER VERDAUUNGSAPPARAT

Wie auch beim Menschen beginnt die Verdauung des Pferdes bereits im Maul, denn die Maulhöhle stellt den ersten Abschnitt des

RECHTE KÖRPERSEITE DES PFERDES

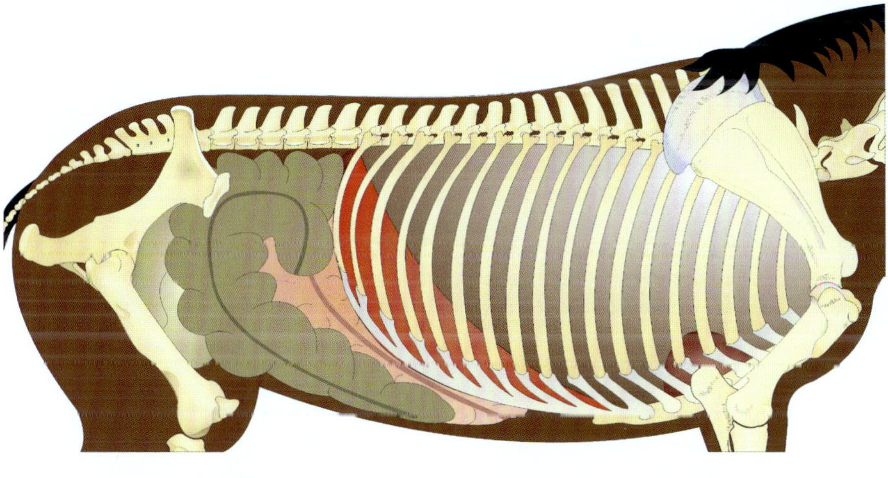

Auf der rechten Seite des Pferdes befindet sich der voluminöse Blinddarm, die Gärkammer des Pferdes. Er hat ein Fassungsvermögen von ca. 70 Litern.

Im Verhältnis zur Luftröhre verläuft die Speiseröhre im Hals tendenziell mehr links.

Verdauungstrakts dar. In der osteotherapeutischen Behandlung gehört daher ein gründlicher Blick in die Maulhöhle des Pferdes grundsätzlich zum Untersuchungsvorgang. Sämtliche reiterliche Widersetzlichkeiten, aber auch gesundheitliche Probleme und Verhaltensauffälligkeiten können aus Krankheiten der Maulhöhle und der Zähne resultieren. Hierauf wird im Kapitel „Zähne" ab S. 116 näher eingegangen.

Das Maul und der Schlund werden durch die etwa 120 bis 150 Zentimeter lange Speiseröhre mit dem Magen verbunden. Die Speiseröhre verläuft entlang des Halses durch die tiefen Schichten der Unterhalsfaszien, die die Speiseröhre an die Körper der Halswirbel binden. Im Verhältnis zur Luftröhre läuft die Speiseröhre im Halsbereich tendenziell mehr links, tritt auf Höhe des ersten Brustwirbels in den Brustkorb ein und zieht entlang des sogenannten Mittelfellspalts (Mediastinum) durch die Mitte des Brustkorbs, um dann durch das Zwerchfell hindurchzutreten und in den Magen überzugehen.

Schlundverstopfung

Besondere anatomische Engstellen im Verlauf der Speiseröhre machen einigen unserer Patienten mehr zu schaffen als anderen und können sich schlimmstenfalls als Schlundverstopfung darstellen. Osteotherapeutisch interessant sind dabei vor allem die Pferde, die regelmäßig und wiederkehrend allein durch die Futteraufnahme von Hafer und Heu Schlundverstopfung bekommen. Wir konnten eine Anfälligkeit besonders bei Pferden mit ausgeprägtem und verspanntem Unterhals, Durchlässigkeits- und Anlehnungsproblemen und Blockierungen der unteren Halswirbelsäule sowie der ersten Rippe beobachten.

Bei einer akuten Schlundverstopfung sei hier allerdings dringend darauf hingewiesen, dass dieser Zustand lebensbedrohlich ist und unverzüglich ein Tierarzt gerufen werden muss. Erst wenn die Schlundverstopfung überstanden ist und das Pferd sich ausreichend von den Symptomen und Reizungen der Schleimhäute erholt hat, kann mittels einer osteotherapeutischen Behandlung untersucht werden, inwiefern Blockierungen und fasziale Bewegungseinschränkungen diesen Zustand provozieren. Einmal mehr ist dann die Arbeit im Team zwischen Tierarzt und Therapeut gefragt. Schluckbeschwerden und ein „Kloßgefühl", die in der menschlichen Praxis häufig als Begleitsymptome von Blockaden der Halsregion vorkommen, können Pferde nicht artikulieren.

DAS ZWERCHFELL

Die räumliche Trennung der Brusthöhle von der Bauchhöhle wird durch das Zwerchfell vorgenommen. Diesem lebenswichtigen Atemmuskel wird in der Osteotherapie eine große Aufmerksamkeit geschenkt. Etwa 17 000 Atembewegungen in 24 Stunden führen zu einer regelmäßigen Massage, Drainage und Bewegung der dahinter liegenden Bauchorgane. Die Atembewegung des Zwerchfells gilt als größte Pumpe für den Rückfluss des venösen Blutstroms zum Herzen.
Aus dem Blickwinkel der faszialen Verbindungen und Ketten im Körper ist das Zwerchfell mindestens indirekt mit allen vier Beinen bindegewebig verbunden. Mit der Wirbelsäule steht es in direktem Kontakt. Es ist Stoßdämpfer für den Bewegungsapparat und reguliert die Spannung in den bindegewebigen Ketten, die das Zwerchfell passieren.

DER MAGEN

Nach Durchtritt der Speiseröhre durch das Zwerchfell geht die Speiseröhre in das muskulöse Hohlorgan „Magen" über. Ein kräftiger Schließmuskel am Eingang des Magens verhindert in der Regel die Entleerung mittels Erbrechen. Daher hat man sprichwörtlich sehr selten „Pferde kotzen sehen".
Der Magen des Pferdes befindet sich auf der bauchwärtigen Seite direkt an der Unterseite des Zwerchfells und liegt dort, noch gut geschützt im knöchernen Brustkorb, in der linken Seite der Bauchhöhle. Das Fassungsvermögen des Pferdemagens ist mit durchschnittlich fünf bis zehn Litern verhältnismäßig klein und auch die Dehnfähigkeit des Magens ist sehr begrenzt. Jedem Pferdehalter und Reiter sollte es daher bekannt sein, wie wichtig es für die Gesundheit des Pferdes ist, mehrmals täglich kleine Portionen Kraftfutter

ZWERCHFELL

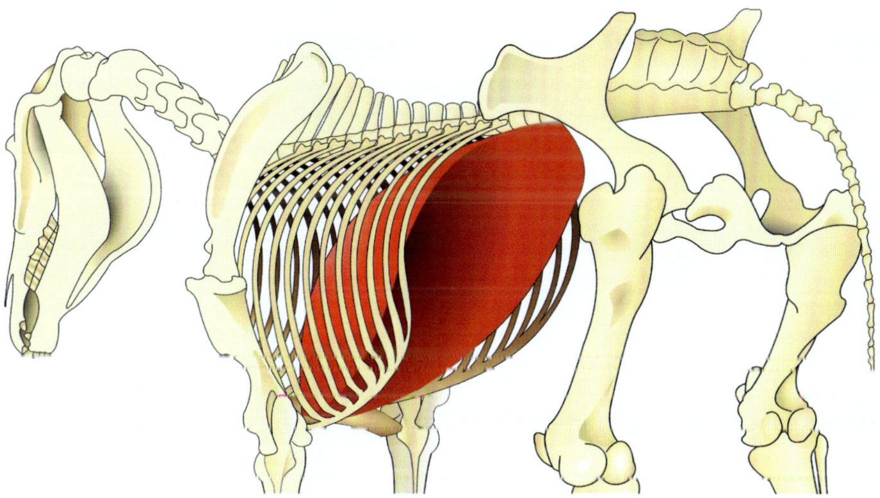

Das Zwerchfell ist ein großer Muskel, der sich bei der Einatmung schweifwärts bewegt und dadurch die hinter ihm liegenden Organe wie Dünndarm, Dickdarm, Leber, Bauchspeicheldrüse und Urogenitalorgane mitbewegt. Eine Verspannung des Zwerchfells tritt u. a. bei weggedrücktem Rücken auf. Die Bewegung der Bauchorgane wird dadurch ebenfalls eingeschränkt, was sich auch negativ auf die Darmperistaltik auswirkt.

zu bekommen. Außerdem sollte dem Pferd idealerweise rund um die Uhr Raufutter zur Verfügung stehen.
In der osteotherapeutischen Praxis werden wir immer wieder mit Pferdepatienten konfrontiert, deren ursprüngliches Gesundheitsproblem in der fehlerhaften, nicht artgerechten Fütterung liegt. Klassische Symptome beispielsweise von Magengeschwüren –Leerkauen, häufiges Gähnen, Verweigern beim Springen, Widersetzlichkeit insbesondere gegen den linken Reiterschenkel, aufstoßen und rülpsen, Gurtzwang, Verspannungen und Blockierungen im Bereich des Widerrists – werden durch die Besitzer auf Nachfragen häufig bejaht. Kolikneigung, erhöhter Speichelfluss und Appetitlosigkeit sind Symptome, die gründlich tiermedizinisch internistisch untersucht werden sollten, um akute Probleme sinnvoll behandeln zu können.
Um Schmerzmuster und Wechselwirkungen zwischen Magen und Brustwirbelsäule unterbrechen zu können, sind nach eventuell erforderlicher schulmedizinischer Therapie und praktischer Umsetzung von Fütterungsempfehlungen auch osteotherapeutische

FÜTTERUNG
Die verdauungsfreundliche Fütterung muss so erfolgen, dass dem Pferd zunächst das Raufutter verabreicht wird und erst danach das Kraftfutter. Quellende Futtermittel sind stets vor der Fütterung aufzuquellen.

Die ständige Aufnahme kleiner Heumengen unterstützt die Gesundheit.

Behandlungen für diese Pferdepatienten sehr sinnvoll. Im Zusammenhang mit Erkrankungen und Beschwerden des Magens stellen wir häufig Blockierungen im Bereich des 10. bis 13. Brustwirbels fest. Fehlfunktionen der Wirbel und der Organe können in beide Richtungen entstehen. So kann es durch falsche Fütterung und Stress zur Erkrankung des Magens und darüber zur Blockade der zugehörigen Wirbel kommen. Umgekehrt kann hier z. B. durch ein falsch sitzendes Kopfeisen ein Wirbel blockiert und damit austretende Nerven in ihrem Verlauf empfindlich gestört werden. Dadurch können auch die damit zusammenhängenden Organe, in diesem Fall der Magen, irritiert und fehlinformiert werden.

DER DÜNNDARM

Im weiteren Verlauf durch das Verdauungsrohr wird der von Magensäften gut durchmischte Nahrungsbrei vom Magen in den etwa einen Meter langen Zwölffingerdarm (Duodenum), den ersten Abschnitt des Dünndarms, gegeben. Ihm folgt der etwa 17 bis 25 Meter lange Leerdarm (Jejunum), der sich durch eine große Beweglichkeit auszeichnet, dadurch aber auch als besonders störanfällig gilt. Hieran schließt der weniger als einen Meter kurze Hüftdarm (Ileum) an, der in den Blinddarm übergeht.

Die Aufgabe des Dünndarms besteht darin, die durch die Verdauungssäfte aufgeschlüsselten Nahrungsbestandteile zu resorbieren. Lediglich die Zellulose (Hauptbestandteil pflanzlicher Zellwände) wird im Dickdarm verdaut.

Der Dünndarm mündet in den Dickdarm und der bis dahin verdaute und verdünnte Nahrungsbrei gelangt über ein Ventil (*ileocoecale* Klappe) vom Dünndarm in den Dickdarm.

DER DICKDARM

Der Dickdarm des Pferdes kann mit seinen sechs bis neun Metern Länge ein großes Volumen fassen.

Der Verdauungstrakt des Pferdes ist auf regelmäßige Futteraufnahme und Bewegung eingestellt.

Unterteilt wird er in den Blinddarm (Caecum), den Grimmdarm (Kolon), den Mastdarm (Rektum) und den After (Anus). Der Blinddarm – er hat ein Fassungsvermögen von ca. 70 Litern – und der aufsteigende Teil des Grimmdarms dienen als Gärkammer für die Zelluloseverdauung, die bis dahin noch nicht stattgefunden hat.

Im weiteren Verlauf des Grimmdarms wird dem Nahrungsbrei das Wasser entzogen, die bekannten runden Pferdeäppel werden geformt. Der Mastdarm beginnt etwa am Beckeneingang und endet am After, der das Ende des Verdauungsrohres darstellt.

Die vielfältigen Funktionen und klinischen Aspekte der Nahrungsverwertung und möglicher Erkrankungen des Verdauungstrakts sind komplex. Betrachten wir daher die Zusammenhänge des Bewegungsapparats und der Verdauungsorgane, die reiterlich interessant sind. Hier sind in erster Linie die Pferde zu nennen, denen das Äppeln unter dem

Sattel schwer fällt. Viele Pferde lösen sich entweder gar nicht und verlieren dadurch Losgelassenheit, mögen den Rücken nicht hergeben, schwingen nicht und treten nicht ausreichend unter den Schwerpunkt. Andere ziehen aus jeglicher Gangart die Notbremse und lassen sich auch nicht mit „Motivationshilfen" wie Gerten und Sporen zum Weitergehen bewegen, bis das Geschäft erledigt ist.
Die Bandverbindungen des Mastdarms zum Beckenring und zum Kreuzbein können hier, abhängig von der Füllung des Mastdarms und seiner Aussackung, der sogenannten Ampulle, einen „schwerwiegenden" Einfluss auf die Position des Kreuzbeins, die Funktion des Kreuz-Darmbein-Gelenks und die Muskulatur des Beckens nehmen. Interessant sind hier die funktionellen Zusammenhänge vom knöchernen Beckenring über die Bandverbindungen zur Schließmuskulatur des Beckenbodens am Ende des Darmrohrs.
Alle knöchernen Strukturen des Beckengürtels, die faszialen Verbindungen und Bänder und die hinteren Darmabschnitte müssen hier wieder wie die Zahnränder des Uhrwerks ineinandergreifen, um eine gute Ausscheidung zu ermöglichen.
Kurz gesagt, vielen Pferden wird zu Unrecht Strafe angedroht, wenn sie beim Äppeln stehen bleiben, Blockierungen der oben genannten Strukturen können die stressfreie Lösung in allen Gangarten verhindern. Auch hier kann in einigen Fällen die Osteotherapie eine hilfreiche Unterstützung bieten.

DIE LEBER

Auch die Leber muss im Zusammenhang der Verdauungsorgane erwähnt werden, stellt sie doch das wichtigste zentrale Stoffwechselorgan des Pferdes dar. Die Leber befindet sich auf der rechten bauchwärtigen Seite des Zwerchfells und liegt direkt an ihm an. Über Bänder wird die Leber mit dem Zwerchfell, dem Magen und den Nieren verbunden. Ebenso wie der Magen ist die Leber komplett vom Brustkorb geschützt.

Auch kleine Pferde bringen große Leistung, …

Bei einem mittelgroßen Pferd wiegt die Leber etwa fünf Kilogramm. Keine weitere Struktur übernimmt so viele Funktionen, die weit über die bekannte „Entgiftungsaufgabe" hinausgehen. Zu nennen wären hier neben vielen weiteren die Herstellung der Gerinnungsfaktoren, immunologische Funktionen und die Synthese der Gallenflüssigkeit (Achtung: Die Leber des Pferdes produziert zwar Galle, eine Gallenblase zur Speicherung der Galle fehlt dem Pferd jedoch). Ferner reguliert sie als wichtiges Stoffwechselorgan den Eiweiß-, Zucker- und Fettstoffwechsel und ist an der Balance des Vitamin-, Mineral- und Hormonhaushalts beteiligt.

GALLENBLASE

Das Pferd besitzt zwar keine Gallenblase, in der Akupunkturlehre verfügt es aber über einen Gallenblasenmeridian.

... vorausgesetzt, dass Muskeln und Gelenke ebenso beweglich sind wie bei ihren großen Artgenossen.

Als volles Organ kann die Leber viel Blut speichern und bei Bedarf auch wieder freigeben. Als Ursache für Störungen und Krankheiten der Leber werden neben Ernährungsfehlern auch weitere Faktoren wie zum Beispiel Stress, Medikamente, Wurmkuren und Impfungen sowie Infektionskrankheiten angeführt.
Neben begleitenden osteotherapeutischen Behandlungen sollte bei Veränderungen der Leberwerte im Blutbild in Zusammenarbeit mit dem Tierarzt, Heilpraktiker, Ernährungsberater und TCM-Therapeuten die Fütterung umgestellt werden. Bei Bedarf können hier Kräuter und Zusatzfutter, in denen leberunterstützende Bitterstoffe enthalten sind, ebenfalls angewendet werden.
Artgerechte Haltung, ständige Bewegung und die selbstverständliche Möglichkeit, den ganzen Tag über Heu, Gras, Kräuter und Laub zu fressen, helfen die generell gute Regenerationsfähigkeit der Leber zu fördern.

DIE MILZ

Die Milz ist das größte Lymphorgan. Sie dient als Blutspeicher, ist direkt in den Blutkreislauf eingeschaltet und kann 20 Prozent des Blutes speichern und unmittelbar freisetzen. Deshalb kann das Pferd sofort Leistung erbringen.
Sie ist an der unspezifischen und spezifischen Immunabwehr und am Abbau der roten Blutkörperchen (Erythrozyten) beteiligt.
Da Magen und Milz über das sogenannte Magen-Milz-Band miteinander verbunden sind, ist die Lage der Milz linksseitig abhängig von der Atembewegung und dem Füllungszustand des Magens. Auch besteht eine bandhafte Verbindung zur linken Niere über das Milz-Nieren-Band. Bei Koliken können Darmabschnitte in den Raum zwischen Milz und Niere verlagert und durch das Milz-Nieren-Band in der fehlerhaften Dickdarmverlagerung eingeklemmt werden. Dabei kann es durch Abschnürungen zu Passagestörungen und absterbenden Darmanteilen kommen.

DER UROGENITALTRAKT

Zum Urogenitaltrakt der Pferde gehören die Harnorgane (Nieren, Harnleiter, Harnblase und Harnröhre) sowie die männlichen und weiblichen Geschlechtsorgane. Die Nebennieren gehören zwar eigentlich zu den hormonbildenden Organen, werden aber aufgrund ihrer direkten Lagebeziehung zur Niere im Rahmen des Urogenitaltrakts erwähnt.

NIEREN UND HARNWEGE

Die Nieren haben eine große Bedeutung hinsichtlich der Entgiftungs- und Ausscheidungsfähigkeit des Körpers. Ihre Aufgabe besteht darin, das Blut zu filtern, um Schadstoffe über den Harn auszuleiten. Somit sind die Nieren maßgeblich an sämtlichen Stoffwechselprozessen des Körpers beteiligt. Darüber hinaus sorgen sie für die Balance im Säuren-Basen-Haushalt und regeln den Blutdruck ebenso wie den Wasser- und Elektrolythaushalt. Nicht unerwähnt bleiben soll die Produktion des Hormons EPO (Erythropoetin), welches die Bildung roter Blutkörperchen (Erythrozyten) anregt und in den Nieren entsteht.
Von den Nieren gehen die Harnleiter ab. Sie leiten den in der Niere filtrierten Urin in die Harnblase. Diese befindet sich in der Beckenhöhle und ist hier fast vollständig knöchern geschützt durch den Beckenring. Leer ist die birnenförmige Harnblase etwa faustgroß.
Je nach Größe des Pferdes kann sie etwa zwei bis vier Liter Flüssigkeit fassen und sammeln. Die Harnröhre leitet den Urin ab. Hier gibt es bei männlichen Pferden und Stuten geschlechtsspezifische Unterschiede. Die männliche Harnröhre ist bei einem mittelgroßen Pferd etwa 60 Zentimeter lang, bei einer Stute sechs bis acht Zentimeter.

Pferde trinken täglich große Mengen Wasser, so werden Schadstoffe über die Nieren ausgeleitet.

Oft herrscht Unklarheit darüber, wo sich die Nieren eigentlich befinden. Das merken wir in der Praxis, wenn uns der Reiter oder Besitzer sorgenvoll fragt, ob das zu behandelnde Pferd Probleme mit den Nieren habe, da die „Nieren“ oder die „Nierengegend“ geschwollen sei und sichtbar aufgedunsen aus der Oberlinie hervorrage. Fragen wir nach, wird immer auf den vorderen Teil der Lendenwirbelsäule gezeugt, etwa am Ende der Sattellage. Zwar weisen die Patienten hier tatsächlich sichtbare und spürbare, teilweise verhärtete „Schwellungen“ auf, es handelt sich aber meist um eine Problematik der Rückenmuskeln samt ihrer Bindegewebe und der Rückenfaszie.

Es gibt sicher viele Ursachen für die Entstehung dieser muskulären Veränderungen. In beinahe allen Fällen besteht aber ein Zusammenhang mit einem nicht passenden Sattel, mit drückenden Sattelkissen, zu weit hinten liegendem Schwerpunkt oder Brückenbildung. Besteht diese Problematik seit einem längeren Zeitraum, verändert sich die Muskulatur. Eingequetscht zwischen Rippen und Sattel kann der Rückenmuskel nicht gut arbeiten. Die Muskelmasse unter den Sattelkissen nimmt ab. Hinter den Sattelkissen, im Übergang der Brust- zur Lendenwirbelsäule, muss der gleiche Muskelstrang kompensieren. Er baut sich auf, verspannt und fixiert die umliegenden Wirbelgelenke. Zum Schutz dieses Rückenabschnitts kann auch das unter der Wirbelsäule liegende Zwerchfell verspannen und die Lendenwirbelsäule feststellen.

Die von kräftigen Bindegewebskapseln und Fettgewebe sowie knöchern geschützten Nieren befinden sich rechts und links neben der Lendenwirbelsäule unter den letzten Rippen und damit auch unter den massiv ausgeprägten Querfortsätzen der Lendenwirbel. Die rechte, beinahe herzförmige Niere liegt etwas weiter kopfwärts, unter der 16. Rippe, und reicht etwa bis zum zweiten Lendenwirbel. Die linke, eher bohnenförmige Niere befindet sich etwas weiter schweifwärts und reicht von der 18. Rippe bis zum dritten Lendenwirbel. Gedachte Schwellungen und Stauungen der Nieren können also nicht die direkte Ursache für die „geschwollene“ Nierenregion in der Lendenwirbelsäule sein. Angelehnt an die menschliche Darstellung von Reflexzonen sind Bindegewebsreaktionen in der Lendenregion auf die Harnorgane übertragbar, bislang allerdings am Tier wenig bewiesen.

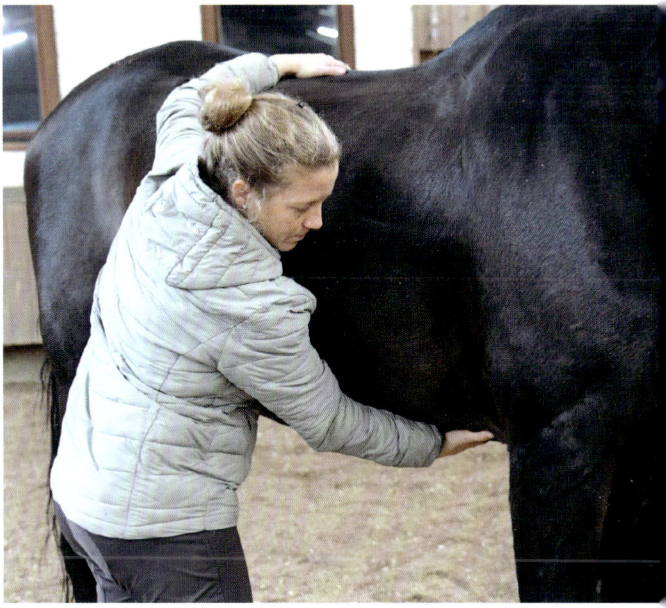

Das Zwerchfell liegt in unmittelbarer Nähe der Nieren und ist ein wichtiger Faktor in der osteotherapeutischen Behandlung.

UR-ENERGIE

Die Niere aus der Perspektive der traditionell chinesischen Medizin ist für den Osteotherapeuten höchst interessant. In der TCM schreibt man den Nieren die Speicherung und Verteilung der Ur-Energie zu und betrachtet sie als das „Fundament des Lebens“. Auch sanfte osteopathische Techniken dienen dazu, diese Energie und Lebenskräfte zu fördern und die Vitalität und Selbstheilungskräfte des Pferdes zu steigern.

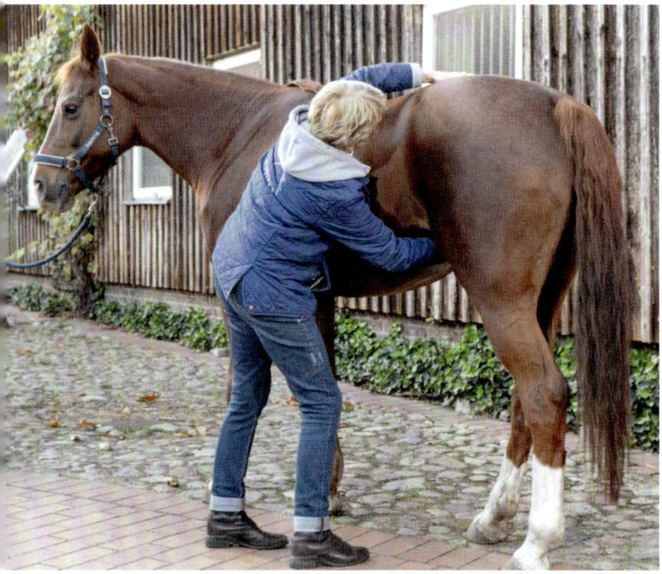

Die Listening-Technik für den Beckeneingang wirkt auch auf die Organe.

Kraniosakrale Techniken beeinflussen Nebennieren und reduzieren so Stress.

DIE NEBENNIEREN

Die Nebennieren haben keinen direkten Einfluss auf die Niere und die Harnwege, liegen aber als hormonbildende Drüsen den Nieren direkt an. Zu den hier gebildeten Hormonen gehören unter anderem Adrenalin und die Östrogene.

Die Nebennieren unterliegen in verschiedenen Lebenssituationen Schwankungen hinsichtlich ihrer Größe und ihres Gewichts. Besonders in Phasen, die den Körper fordern (Trächtigkeit, Milchbildung und Stress generell) nehmen sie an Größe zu. Obwohl es keine konkreten osteopathischen Techniken für die Nebennieren gibt, spielt ihr Einfluss auf die Stressregulation in der Osteopathie eine große Rolle. Adrenalin ist der Botenstoff des sympathischen Nervensystems und setzt im Körper die Mechanismen für Flucht oder Kampf in Gang. Hormonelles Endprodukt einer anhaltenden Stresssituation ist das ebenfalls in der Nebenniere gebildete Cortisol. Nach heutigem Wissensstand gilt dieses Hormon als stärkstes immunschwächendes körpereigenes Hormon. Die Osteopathie verfolgt daher das Ziel, mittels kraniosakraler Techniken das Fließgleichgewicht wieder zugunsten der Regeneration zu verschieben. Natürlich sollte man unbedingt auch an Stressreduktion, optimales Stallmanagement, artgerechte Haltung und Umgang denken.

WEIBLICHE GESCHLECHTSORGANE

Zu den weiblichen Geschlechtsorganen zählen die Eierstöcke, die Eileiter, die Gebärmutter und die Scheide mit dem Scheidenvorhof.

Wie auch bei den Kreislauforganen im Brustkorb haben wir osteopathisch keinen direkten Zugang zu diesen Beckenorganen. Aber es gilt bei der Behandlung die Wechselwirkung zwischen „Behälter“ und „Inhalt“: In einem blockierten Beckenring wird es den darin wohnenden Organen nur bedingt gut gehen, denn eine optimale Versorgung mit Flüssigkeiten und Stoffwechselprozessen ist von guter Beweglichkeit aller Strukturen abhängig. Fruchtbarkeitsstörungen, Rosseprobleme, Geburten und Krankheiten der weiblichen Geschlechtsorgane können somit zu Blockierungen des Beckenrings und damit auch zu Problemen in der Rittigkeit und zu Lahm-

heiten führen! Andersrum sollten nach einem Sturz und Blockaden des Beckenrings auch die in ihm befindlichen Strukturen bedacht werden.
Außerdem darf in diesem Zusammenhang der schon thematisierte zu lange Sattel nicht unerwähnt bleiben. Er kann zu Blockaden des ersten Lendenwirbels führen. Die hier aus der Wirbelsäule austretenden Nerven sind unter anderem zuständig für die Versorgung der Eierstöcke und des Hodens. Blockierungen des ersten Lendenwirbels können osteopathisch hiermit in Verbindung gebracht werden. So ist das therapeutische Ziel, durch eine Korrektur des Wirbels, auch die Funktion der dazugehörigen Organe zu verbessern.
Launische und hysterische Stuten, die beim Putzen kitzelig und zickig reagieren, phasenweise den Reiterschenkel ignorieren oder ihn malträtieren, weisen häufig Bewegungseinschränkungen und Blockaden im Genick und/ oder in der Lende und im Beckenring auf. Werden sie osteopathisch behandelt, verbessert sich nicht nur ihre Bewegung, sondern sie werden auch in ihrer Laune besänftigt.

IM FLUSS

Beweglichkeit und Gesundheit und Lebensqualität hängen unmittelbar voneinander ab. Dies gilt nicht nur für den Bewegungsapparat, auch die verbundenen Organe sind abhängig vom Fluss der Flüssigkeiten und Nerven. In einem beweglichen gesunden Körper ist kein Platz für Krankheit. Erst Blockaden von Transportwegen und Flüssigkeiten lassen zu, dass sich Krankheit im Körper manifestieren kann, so Dr. Still.

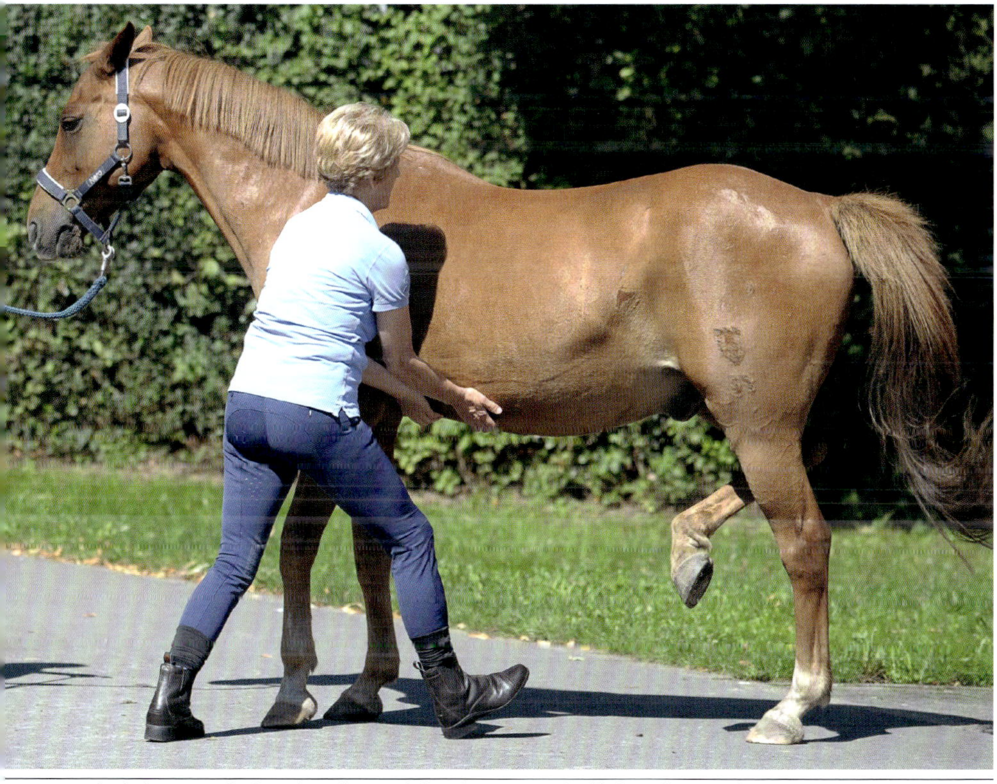

Pferde können sehr kitzelig, aber auch berührungsempfindlich in der Bauchregion sein.

Cara — ein Fallbeispiel

Die 11-jährige Stute Cara, ein Mix aus Haflinger und Deutschem Reitpony, wurde aufgrund von Rittigkeitsproblem zur Behandlung vorgestellt.

DIE UNTERSUCHUNG

Cara hatte durch ihren alten, zu langen Sattel Druckstellen im Widerristbereich und am Ende der Sattellage. Daher machte die Reiterin schon seit einigen Wochen nur Bodenarbeit mit ihr, aber die Stute wehrte sich gegen Biegungen und Seitwärtslektionen. Erkrankungen und Stürze waren keine bekannt, allerdings hatte Cara sich vor einigen Jahren ins Halfter gehängt. Dem hatte man bisher keine Bedeutung zugemessen. Ebenso wurde der Besitzerin erst auf Nachfragen klar, dass Cara seit drei Jahren nicht mehr rossig gewesen war. Auffallend und recht neu war ein stichelhaariger Fleck um Caras linkes Auge.
Caras obere Kopfgelenke waren blockiert, was mit einer hohen Spannung der kurzen Nackenmuskeln einherging. Die mögliche Störung der Pigmentierung um das linke Auge könnte über die gelenkige Blockierung von Atlas und zweitem Halswirbel erklärt werden. Das Nackenband war verkürzt und verhärtet. Cara hatte einen ausgeprägten Unterhals, die Beweglichkeit der unteren Halswirbelsäule war eingeschränkt, der Armkopfmuskel verspannt. Bei der Untersuchung des Genicks und der Halsmuskulatur machte Cara immer wieder Anstalten zu steigen. Die Rückenmuskulatur und die Brustlendenfaszie waren verspannt und stellten den Rücken in gerader Position fest. Somit war das Aufwölben der Brustwirbelsäule eingeschränkt. Das Berühren der Bauchmuskulatur quittierte Cara durch Ausschlagen. Beidseits waren die 17. und 18. Rippe blockiert, ebenso der erste und der sechste Lendenwirbel und das Kreuzbein.

DIE BEHANDLUNG

In der Behandlung befreite ich mittels Weichteiltechniken die Nackenmuskeln, manipulierte das Genick sowie den Atlas und wendete Faszientechniken für den Armkopfmuskel an. Das Schiebegelenk zwischen dem sechsten Lendenwirbel und dem Kreuzbein und die beiden letzten Rippen wurden gelöst. Sanfte Techniken

aus der Kraniosakraltherapie förderten die Mobiliät des Kreuzbeins und unterstützen die Strukturen, die mit dem Kreuzbein in Verbindung stehen: Ebenso wie die Eierstöcke ist die Gebärmutter über breite Bandverbindungen direkt mit der hinteren Lendenwirbelsäule und dem Kreuzbein verbunden. Die Verbindung zwischen Kreuz- und Darmbein wurde reguliert, die Bindegewebsmassage regte die Durchblutung der verhärteten Lendenfaszie an. Die langen Sitzbeinmuskeln wurden gedehnt.
Die Techniken wirkten: Cara atmete ruhiger und senkte entspannt den Kopf. Das Kreuzbein reagierte auf die weichen Schaukelbewegungen mit Wärme.
Die Blockade des Kreuzbeins könnte eine klassische Folge der durch das Halftertrauma blockierten oberen Kopfgelenke sein. Schädelbasis und Kreuzbein hängen über die harte Hirnhaut (Dura mater) eng miteinander zusammen.

Die Blockierung der oberen Kopfgelenke führte hier zur veränderten Pigmentierung und Stichelbehaarung um das linke Auge.

Freies Laufen und Buckeln nach der Behandlung löst weitere Blockaden und verbessert das Gefühl für die wiedergewonnene Beweglichkeit.

DER ERFOLG

Bei Cara hatte die Behandlung des Genicks und des Kreuzbeins ziemlich unmittelbare Folgen. Als ich abschließende sanfte Techniken am Kopf anwenden wollte, begann die Stute nach vorne auszutreten. Sie stieg und klemmte mich zwischen ihre Vorderbeine.
Ich konnte mich zwar rasch befreien, ließ aber dann von den Griffen am Kopf ab und wendete mich (mit wackeligen Knien) der Befreiung des Zwerchfells zu. Dabei entspannte sich Cara wieder. Während der Besprechung mit der Besitzerin legte sich Cara hin und schlief.
Wenige Tage nach der Behandlung wurde Cara rossig und die Besitzerin berichtete, dass die Stute deutlich umgänglicher und entspannter sei. Sie konnte die Oberlinie wieder lockerer lassen und zeigte bei den Seitengängen in der Bodenarbeit keine Widersetzlichkeit mehr.
Hier wird der Zusammenhang von Organen, Hormonen und Bewegungsapparat sehr deutlich. Nicht nur die Rittigkeit steht in der osteopathischen Behandlung im Vordergrund. Es gilt, das Pferd ganzheitlich zu betrachten und die Lebensqualität positiv zu beeinflussen.

MÄNNLICHE GESCHLECHTSORGANE

Zu den männlichen Geschlechtsorganen gehören die Hoden, die samenspeichernden Nebenhoden und der Samenleiter, der dann wiederum in die Harnröhre mündet. Weiterhin sind der Penis, als gemeinsamer Harn- und Samenweg, und ebenso die Geschlechtsdrüsen, von denen die bekannteste die Vorsteherdrüse (Prostata) ist, zu nennen. Wie schon beschrieben, ist die männliche Harnröhre deutlich länger als die der Stute. Beginnend am Eingang des Beckens entspringt die Harnröhre bei männlichen Pferden an der Blase, zieht durch das Innere des Beckens bis zum Beckenboden, verläuft danach in einer Biegung wieder kopfwärts und wird über den Penis nach außen geführt. Harn und Samen teilen sich eine gemeinsame Röhre im Penis.

Im eingefahrenen Zustand ist der Penis in die Vorhaut mit Schlauchtaschen eingebettet und von den von der Vorhaut gebildeten Reservefalten bedeckt. Diese Reservefalten dienen

Die Kastrationsnarbe sollte in einer osteotherapeutischen Behandlung behutsam untersucht werden.

HODEN

Der gesamte Hoden befindet sich kurz vor der Geburt noch in der Bauchhöhle. Er steigt rund um die Geburt ab und verlagert sich nach außen. Gelegentlich können dabei Komplikationen auftreten. Kryptorchismus ist eine der bekannteren Komplikationen, bei denen entweder ein- oder beidseitig der Hoden nur unvollständig abgestiegen ist und in der Bauchhöhle oder im Leistenspalt bleibt. Die Fruchtbarkeit ist bei betroffenen Pferden, den sogenannten Klopphengsten, eingeschränkt.

dazu, im Bedarfsfall den Penis zu verlängern, da er ausgeschachtet bis zu 50 Zentimeter lang werden kann. Dies geschieht beim Urinieren und im erigierten Zustand. Zurückgezogen wird er durch einen kräftigen Muskel, der von den Schweifwirbeln kommt.

Von den Schweifwirbeln kommen auch Anteile der langen Sitzbeinmuskeln, die bei Verspannungen und Verkürzungen zu Problemen der Hinterhand und des Rückens führen können. Steifigkeit der Hinterhand und Rückenschmerzen können auch urogenital verursacht werden. Spannungen des Beckenbodens, Probleme beim Wasser lassen und Äppeln sind osteopathisch immer zu hinterfragen und zu analysieren. Eine häufig vorkommende Störung in diesem System stellt die Kastration dar. Bei männlichen Pferden ist das selbstverständlich kein Einzelschicksal, und dennoch osteopathisch sehr interessant.

Zunächst jedoch ein paar Worte zu den Hoden. Diese sind paarig und zuständig für die Bildung der Samenzellen. Die Nebenhoden dienen als Speicher des Samens und befinden sich zusammen mit den Hoden in einer gemeinsamen Hülle, dem Hodensack. Der im Nebenhoden gespeicherte Samen wird über den Samenleiter in den Beckenteil der Harnröhre geführt und mit ihr gemeinsam nach außen geleitet.

Gestörte Narben können die Beweglichkeit des Beckens und des Hüftgelenks einschränken sowie zu Verkürzungen und Blockierungen führen.

Kastration

Die bekannteste und vermutlich häufigste Operation bei männlichen Pferden ist der Eingriff vom Hengst zum Wallach, die Kastration. Wir beobachten schon seit vielen Jahren, dass Wallache durch die Kastrationsnarbe Ursache-Folge-Ketten entwickeln, die sie möglicherweise im Laufe ihres Lebens zu osteotherapeutischen Patienten machen.

Störfaktor Narbe

Narben gelten generell als potentielle Störfaktoren und werden in jeder osteopathischen Untersuchung berücksichtigt. Bezüglich der Kastrationsnarben ist es für Besitzer recht einfach herauszufinden, ob die Region der Kastration gestört ist. Überprüfen Sie folgende Kriterien: Zunächst sollten Sie überhaupt in die Leistenregion zwischen den Hinterbeinen greifen dürfen, ohne dass das Pferd seinen Unwillen oder Empfindlichkeit mitteilt. Seien Sie bitte vorsichtig und streichen Sie mit sanften Händen von außen nach innen. Stehen Sie außerhalb des Trittradius der Hinterhand. Lässt sich das Pferd in dieser Region stressfrei berühren, fühlen Sie die Temperatur. Sie sollte sich in normalem, gesundem Zustand nicht von den umliegenden Geweben unterscheiden. Kälte im Bereich der Narbe ist ein Zeichen für eine gestörte Narbe. Zuletzt beurteilen Sie die Verschieblichkeit. Die Narbe sollte sich in allen Schichten weich und beweglich mit den umliegenden Geweben abheben und mitbewegen lassen. Starre, unbewegliche und verklebte Narben und umliegende Gewebe werden als gestört bezeichnet. Dieses Testprotokoll gilt für alle Narben die ein Lebewesen im Laufe seines Lebens gesammelt hat.

Felix — ein Fallbeispiel

Störungen von Kastrationsnarben äußern sich manchmal erst nach langer Untersuchung und Behandlung. So bei Felix, einem neunjährigen Wallach, der vermutlich als Zweijähriger kastriert wurde. Komplikationen waren nicht bekannt, die Vorgeschichte des Wallachs war durch An- und Verkauf verlorengegangen und nicht überliefert. Zur osteopathischen Behandlung wurde er vorgestellt, weil er als M-Dressurpferd bei den fliegenden Wechseln Probleme hatte, hinten richtig umzuspringen. Besonders auf einer Hand „hakte" die Hinterhand und sprang bei jedem Wechsel nach.

UNTERSUCHUNG UND BEHANDLUNG

Neben einigen Blockierungen in der Halswirbelsäule und der Halsmuskulatur trat besonders die Blockierung des fünften Lendenwirbels in den Vordergrund. Dieser wurde durch Manipulationstechniken gelöst, die Rückenmuskulatur mit behandelt. Felix war nach der Behandlung zufrieden und entspannt und die Reiterin nach zwei Tagen Pause und zwei weiteren Tagen Longierarbeit glücklich darüber, dass die fliegenden Wechsel auf beiden Händen ungestört frei durchsprangen. Dieser Zustand blieb über etwa zwei weitere Wochen zufriedenstellend, dann jedoch kehrte das Problem zurück. Es erfolgte eine Nachbehandlung, in der erneut der fünfte Lendenwirbel als blockiert festgestellt wurde.

Warum kam die gelöste Blockade zurück? Weil die Ursache für die Blockade in der Erstbehandlung nicht herausgefunden wurde. In der Folgebehandlung stellte sich heraus, dass die Kastrationsnarbe, die zuvor nicht berücksichtig worden war, bei Felix außerordentlich berührungsempfindlich und sehr kalt war. Die Verschieblichkeit war schlecht. Der Behandlungsschwerpunkt lag also nun in der Narbentherapie. Dazu gehörten auch die Behandlung der Muskulatur der Oberschenkelinnenseite, die Mobilisation der Hüftgelenke und entspannende Griffe für den Beckenboden. Bei der Narbentherapie entspannte sich Felix nach anfänglichen Abwehrreaktionen sichtlich. Er stellte die Hinterbeine breit bei entspannter und tief gesenkter Kopf-Hals-Haltung, schachtete aus und begann zwischen den Oberschenkeln zu schwitzen und weiß zu schäumen. Es tröpfelte konstant Harn aus dem ausgeschachteten Schlauch.

Nicht jede Narbenbehandlung verläuft so eindrucksvoll. Die Veränderung war auch für den Besitzer deutlich erkennbar. Dennoch sollte sie in ihrer Wirkung trotz der sanften beinahe unsichtbaren Handgriffe, bei denen kein Knacken und Renken stattfindet, nicht unterschätzt werden.

Am Ende der Behandlung wurde wieder der fünfte Lendenwirbel befreit und die Reiterin in die Übungen und Fasziengriffe an der Oberschenkelinnenseite eingewiesen.

DER ERFOLG

Nach dieser Behandlung bekam Felix wiederum ein paar Tage frei (freie Bewegung, Freispringen und Bodenarbeit). Diesmal war der Erfolg nachhaltig. Felix hatte keine weiteren Probleme in den Lektionen. Er sprang die fliegenden Wechsel zur Freude seiner Reiterin auf beiden Händen fließend – auch Monate später gab es hiermit keine Probleme mehr.

Auch dieser Fall zeigt den Zusammenhang zwischen den Knochen und den Weichteilen, zwischen den Behältern und seinen Inhalten. Der Körper funktioniert als großes eingespieltes Ganzes.

Bei der gefühlvollen Mobilisation von Oberschenkelinnenseite und Narbenregion können viele Wallache sichtlich entspannen.

Die Beratung und Aufklärung des Besitzers ist ein wichtiger Bestandteil der osteotherapeutischen Behandlung.

LEBENSQUALITÄT

Es ist häufig so, dass die Pferde aufgrund der reiterlichen Probleme osteotherapeutisch wieder fit fürs Viereck gemacht werden sollen. Aber: Die Einschränkungen, die sich aus einer Problematik heraus für die restlichen 23 Stunden am Tag ergeben, können für viele Patienten viel belastender sein. Steife Volten, hin und wieder stolpern und etwas schwunglos unter dem unpassenden Sattel zu gehen ist sicher nicht schön – sich nicht gut zum Wälzen hinlegen und durch die Steifigkeit schlecht aufstehen zu können oder schlimmstenfalls kein Wasser lassen zu können, hat eine viel schlimmere Auswirkung auf die Lebensqualität.

Die Schwierigkeiten und reiterlichen Probleme, mit denen uns die Pferde zur osteopathischen Behandlung vorgestellt werden, sind meist ein Symptom oder auch ein Hilferuf. Die Ursache, Krankheit oder die Blockierung liegt häufig an einem ganz anderen Ort, als das vermeintliche Problem vorgibt, und will erkannt werden. Erst dann kann eine individuelle, zielgerichtete Therapie erfolgen, die zu nachhaltigem Erfolg führt, oder den Körper zurück in die Lage versetzt, sich selbst zu heilen.

Der Zusammenhang zwischen männlichen Geschlechtsorganen und der Lendenwirbelsäule oder dem Beckenring gestaltet sich ähnlich wie bei den Stuten beschrieben. Fasziale bandhafte Verbindungen zwischen den Harn- und Geschlechtsorganen und der Lenden-Becken-Hüftregion sind anatomisch

Die meisten Pferde werden aufgrund reiterlicher Probleme oder Verhaltensauffälligkeiten zur Osteopathie vorgestellt.

nachvollziehbar. So kommt es zu Ursache-Folge-Ketten aus dem Urogenitaltrakt in den Bewegungsapparat. Auch Nerven zwischen der Wirbelsäule und den zugeordneten Organen verbinden diese Körperbereiche.

Wie im Fallbeispiel von Felix werden dem fünften Lendenwirbel und seiner Blockierung mögliche Funktionsstörungen der Blase oder beim Harnlassen zugeordnet. Auch ischiasähnliche Beschwerden können auftreten, die Pferde sind häufig steif in der Hinterhand.

In der osteopathischen Behandlung ist es auffallend, dass sie unfähig sind, die Lendenwirbelsäule aufzuwölben und das Becken nach hinten zu kippen.

Im Laufe der Zeit kann in einem Teufelskreislauf aus Blockierungen das Becken und damit auch sein Inhalt starr und unflexibel werden. Darunter leiden reiterlich die Schwung- und Schubkraftentwicklung der Hinterhand, die umgebende Muskulatur verkürzt. Die sanfte Behandlung des Beckenrings, der Beckenbodenmuskeln und der Faszien nimmt hier einen viel größeren Stellenwert ein, als ein „Einrenken" des Kreuz-Darmbeingelenks.

Osteopathie ist sehr individuell. Die Wege und Ketten eines Traumas oder eines Störfeldes können nicht immer in einer Behandlung befreit werden. Die Regulierung und Sanierung der Gewebe und die wiederkehrende Beweglichkeit aktivieren die Selbstheilungskräfte. Darüber gilt es die Reiter aufzuklären und zu Geduld zu ermutigen.

DIE DYNAMISCHE RUMPF-BRÜCKENKONSTRUKTION

DIE BOGENBRÜCKE

Der Rumpf des Pferdes kann mit einer Bogenbrücke verglichen werden. Mit diesem Bild wird klar was es tatsächlich heißt, ein Pferd über den Rücken zu reiten. Das Modell der Bogenbrücke, genau genommen muss es Bogensehnenbrücke heißen, ist 1946 von dem niederländischen Veterinär E. J. Slijper beschrieben worden, der eine ganze Reihe von unterschiedlichen Säugetieren untersucht hat. Der Bogen stellt den Rücken des Pferdes dar, die Fahrbahn wird vom Brustbein, der weißen Linie (ein sehnenartiger Bindegewebsstrang, der vom Brustbein bis zum Schambein zieht) und der Bauchmuskulatur gebildet. Der Bogen ruht nicht wie eine Eisenkonstruktion auf Betonsockeln, sondern stellt ein elastisches System dar, das zwar druckfest ist, sich aber mit seinen Druck- und Schubkräften

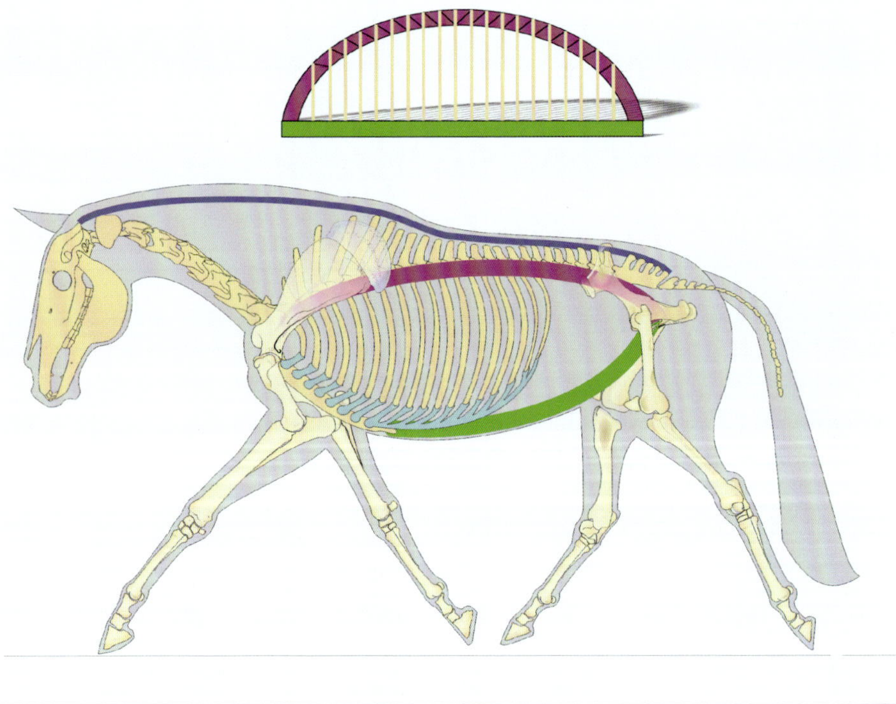

Der Rumpf des Pferdes kann mit einer Bogenbrücke verglichen werden.
rot: Wirbelsäule / Brückenbogen, blau: langes Nacken-Rückenband, grün: Bauchmuskulatur bzw. Fahrbahn

auf die Enden der zugfesten Sehne (Fahrbahn) erstreckt, die die Konstruktion auf Spannung hält. Natürlich darf man sich nicht vorstellen, dass der Rücken des Pferdes wie dieses Brückensystem ständig die bogenförmige Aufwölbung eines starren Brückenbogens zeigt. Weil es aus Knochen, Bändern, Muskeln und Sehnen konstruiert ist, zeichnet sich das System durch Elastizität und Beweglichkeit aus.

Bei Huftieren wie dem Pferd, weist der Bogen eine flache Wölbung auf. Die Elastizität des Brückenbogens hier wird vor allem durch den Spannungszustand der langen und kurzen Rückenmuskeln erreicht, außerdem durch die Bauchmuskulatur, die das System von unten abstützt. Zwischen jedem Wirbel liegt eine elastische Bandscheibe (Zwischenwirbelscheibe), die wiederum durch Bänder an den Wirbeln fixiert ist. Zusätzlich verlaufen von Dornfortsatz zu Dornfortsatz straffe Bänder, die verhindern, dass diese auseinanderdriften. Schließlich zieht noch das elastische Nacken- und Rückenband vom Hinterkopf bis zum Kreuzbein.

Die bereits beschriebene zugfeste „Sehne“ Brustbein, weiße Linie, Bauchmuskulatur und allen voran die beiden geraden Bauchmuskeln verkörpern die verspannende Sehne, mit der der Brückenbogen verbunden ist. Auf der zugfesten „Sehne“ lagern außerdem die Brust- und Baucheingeweide. Diese schwimmen nicht frei in der Brust- und Bauchhöhle, sondern sie sind untereinander mit Bändern und Faszien verbunden. Darüber hinaus sind sie mit Hilfe der Rippen und den schrägen bzw. schiefen Bauchmuskeln am „Brückenbogen“ aufgehängt. So wird ein Teil des Gewichts der Eingeweide direkt auf die Körperachse übertragen. Würde dieses Gewicht nur

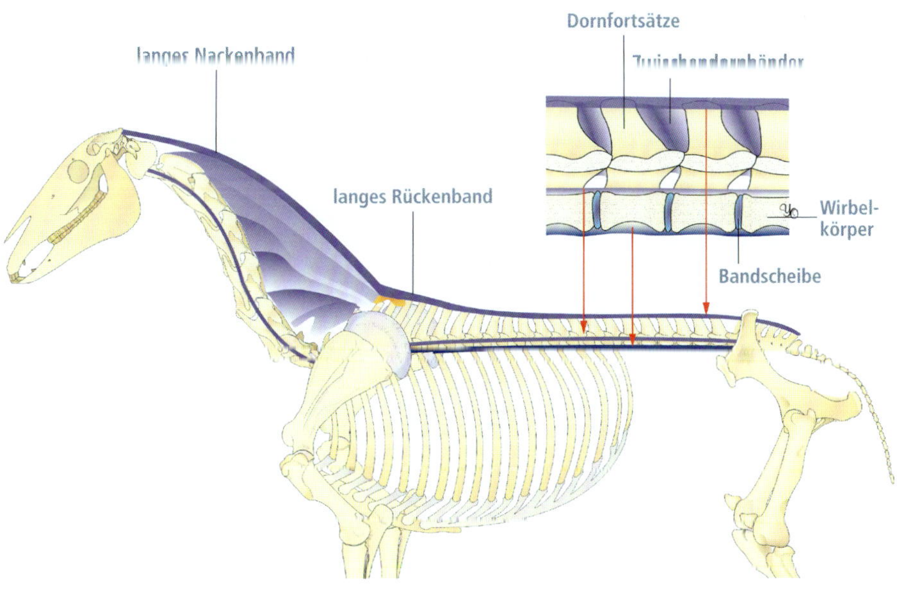

Zwischendornbänder und Zwischenbogenbänder ermöglichen zusammen mit den Bandscheiben ein elastisches und gleichzeitig belastbares System.

den Bogen herunterziehen, würde er gestreckt. Das wird aber durch die gespannte zugfeste „Sehne“ (Fahrbahn) verhindert. Hinzu kommt, dass die Eingeweide, die auf der „Fahrbahn“ lasten, diese in die Tendenz bringen, den „Bogen“ nach oben aufzuwölben. Es ist also äußerst wichtig, dass die Kräfte, die von oben nach unten wirken und diejenigen, die von unten nach oben wirken, in Balance sein müssen. Andernfalls würde es zu einseitigen Übertragungen von Spannungs-, Zug- und Druckkräften kommen, die sich auf die Gliedmaßen auswirken.

Der gesamte Rumpf des Pferdes ist nur über Muskeln und Bänder zwischen den Schulterblättern aufgehängt, vergleichbar mit einer Hängematte. Die fixierten Enden der Hängematte stellen hierbei die Aufhängungen des Rumpfes zwischen den Schulterblättern dar. Von ihnen werden nicht nur sämtliche Kräfte des Rumpfes, sondern auch die des Reiters und des Sattels aufgefangen und auf die Gliedmaßen übertragen.

Jede reiterliche Fehleinwirkung und jede fehlerhafte Platzierung des Reiters, zum Beispiel durch einen zu weit nach hinten angelegten Sitzpunkt im Sattel, wirkt sich als Überlastung auf die Gliedmaßen aus. Manches Huf- und Sehnenproblem ist hierdurch zu erklären. Die Zusammenarbeit im Team mit Hufschmied und Sattler ist für den Erfolg der Behandlungen durch einen Pferdeosteotherapeuten von größter Bedeutung. Den Autorinnen ist aber bewusst, dass es noch große Lücken im Verständnis dieser funktionellen Zusammenhänge und Zusammenarbeit gibt, obwohl dieser Wirkkomplex bereits Anfang der fünfziger Jahre des letzten Jahrhunderts intensiv von den Veterinär-Anatomen Professoren R. Nickel, A. Schummer und E. Seiferle in ihrem „Lehrbuch der Anatomie der Haustiere“ beschrieben wurde.

KONSEQUENZEN FÜR DEN REITER

Jeder Reiter weiß, dass das Pferd mit langem Hals geritten werden und den Schweif tragen soll. Auch diese Forderung dient der Gesunderhaltung der Pferde. So muss man sich den Hals und Kopf des Pferdes als vorderen

AUFHÄNGUNG DES RUMPFES

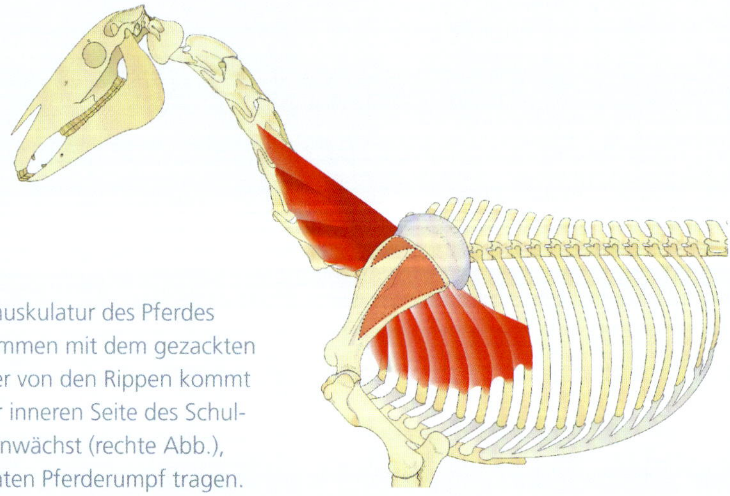

Die Brustmuskulatur des Pferdes muss zusammen mit dem gezackten Muskel, der von den Rippen kommt und an der inneren Seite des Schulterblatts einwächst (rechte Abb.), den gesamten Pferderumpf tragen.

KONSOLENPFERD

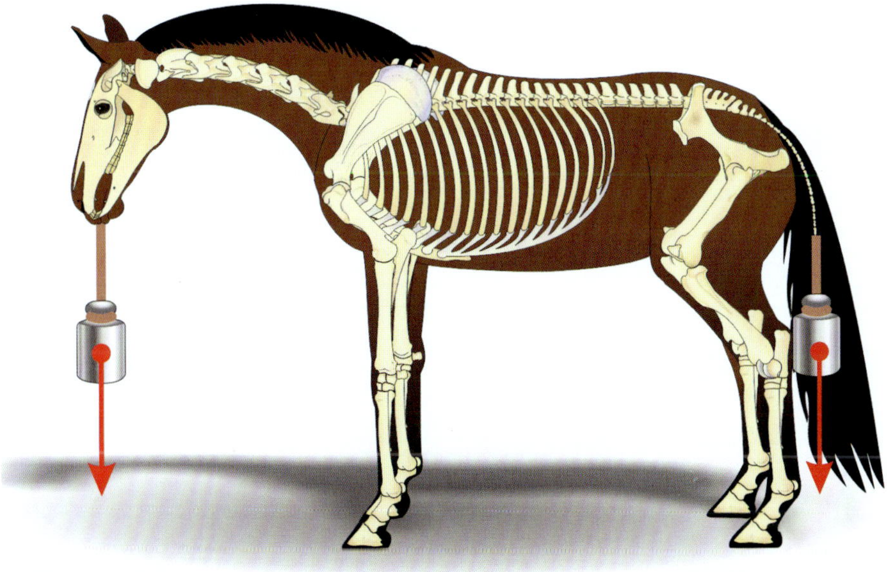

Vordere Konsole = Hals und Kopf
Hintere Konsole = Kreuzbein und Schweif

Anbau oder „Vorderkonsole" der Brückenkonstruktion vorstellen und das Kreuzbein und den Schweif als hinteren Anbau oder „Hinterkonsole". Weil die Hauptlast auf der Vorhand liegt und bei der Vorwärtsbewegung die Schubkräfte am vorderen „Brückenende" erheblich größer sind und entsprechend der Geschwindigkeit der Bewegungen variieren, ist die vordere Konsole stärker gebaut. Sie ist beweglich mit dem Rumpf verbunden.
Die hintere Konsole dagegen ist schwächer gebaut und unbeweglicher befestigt. Eine Besonderheit stellt in diesem Fall das Kreuzbein dar. Es ist zwar mit dem letzten Lendenwirbel beweglich verbunden, weist aber durch seine straffen Bänderverbindungen zum Becken hin dort nur eine sehr geringe Beweglichkeit auf. Diese Gelenkverbindung vom Kreuzbein zum Becken wird als Kreuz-Darmbein- oder Iliosakral-Gelenk bezeichnet. Es liegt als Hinterende der Bogensehnenbrücke in den Hüftgelenken, der Stützsäule der Hinterbeine, auf. Durch diese feste Verbindung wird die hintere Konsole gegen den Endabschnitt des Brückenbogens gepresst, so dass die ganze Kruppe des Pferdes diese Krümmung fortsetzt (sich senkt), was den Hintergliedmaßen die Möglichkeit gibt, im Galopp weit nach vorne vorzugreifen. Die Hinterhand ist deutlich stärker bemuskelt als die Vorhand.
Beim Blick auf die Bogensehnenbrücke dürfen wichtige „Anbauten" nicht übersehen werden. Das Widerlager Kopf/Hals und das Widerlager Kreuzbein/Schweif bringen die Brückenkonstruktion auf Spannung . Entsprechend der klassischen Reitlehre hat das Pferd mit gewölbtem, gedehntem Hals und getragenem Schweif zu gehen. Auch hier schließt sich der Kreis von angewandter Anatomie und pferdegerechtem Reiten, die neben artgerechter Haltung und Fütterung sowie dem funktionsgerechten Hufmanagement und dem passenden Sattel zur Gesunderhaltung des Pferdes beitragen.

WAS DEM PFERD GUT TUT

— *Anwendungen*

HANDGRIFFTECHNIKEN

Alle Strukturen des Pferdekörpers sind von Natur aus beweglich, je nach Gewebe gibt es aber erhebliche Unterschiede. So verfügt der Knochen zwar auch über eine gewisse Beweglichkeit und ist keineswegs starr, seine Flexibilität ist jedoch deutlich geringer als zum Beispiel die eines Muskels oder die des Bindegewebes.

Zur Lockerung verspannter oder verkürzter Gewebe kann jeder Reiter hilfreiche, mobilisierende Handgrifftechniken bei seinem Pferd anwenden. Dabei zeigt es durch seine Reaktion, wie intensiv man vorgehen kann. Die Griffe sollten so erfolgen, dass das Pferd sie genießt und dabei zur Entspannung kommt. Seien Sie also entsprechend feinfühlig. Der positive Effekt dieser Art der Kontaktaufnahme wird sich auch beim Reiten bemerkbar machen, denn sie macht sensibler für die Befindlichkeit des Pferdes. So spüren Sie im Sattel eher, wann das Pferd sich nicht mehr trägt, den Rücken verspannt oder auf die Vorhand kommt.

Die Anwendungen sollten in einer ruhigen Umgebung stattfinden, in der das Pferd gelassen ist. Es steht auf einem rutschfesten Untergrund und ist zumindest zu Beginn nicht angebunden, sondern wird von einem Helfer aufgehalftert am lockeren Strick gehalten. Bei sämtlichen Maßnahmen soll sich das Pferd wohlfühlen. Gelingt das nicht und reagiert es abwehrend, ist es besser, einen guten Therapeuten hinzuzuziehen.

Um sich ein Gesamtbild über die Lockerheit oder den Verspannungszustand seines Pferdes zu verschaffen, können alle Griffe im Sinne eines Ganzkörperprogramms nacheinander angewendet werden. Bei der ersten Anwendung kann das Pferd durchaus Muskelkater bekommen, der für uns aber nicht ohne weiteres erkennbar ist. Gönnen Sie dem Pferd die ersten beiden Tage nach der Erstbehandlung daher unbedingt freie Bewegung auf der Weide, dem großen Paddock oder in der Reithalle. Es sollte in dieser Zeitspanne nicht unter dem Reiter gehen, denn wir wissen nicht, ob seine Muskeln schmerzen.

Im Folgenden ist es vorteilhaft, wenn man die Lockerungsgriffe vor dem Reiten anwendet. Dadurch verkürzt sich häufig eine lange Lösungsphase. Aber auch nach dem Training ist das Pferd dankbar, wenn Sie ihm ein Wohlfühlprogramm gönnen.

Mit dieser Auswahl an Grifftechniken haben Sie die Möglichkeit, Ihr Pferd selbst zu mobilisieren. So kann z. B. auch eine Krankheitsphase überbrückt werden, in der das Pferd nicht geritten werden darf. Aber auch nach einer fachkundigen osteotherapeutischen Behandlung sind die Mobilisierungen sinnvoll, um Muskeln und Faszien des Pferdes weiter zu lockern.

MOBILISATION DES ARMKOPFMUSKELS

GRIFF IN DEN MUSKEL

Der Armkopfmuskel (Musculus brachiocephalicus) ist der wichtigste Vorführer des Vorderbeins. Aus unterschiedlichen Gründen kommt es hier häufig zu Verspannungen.

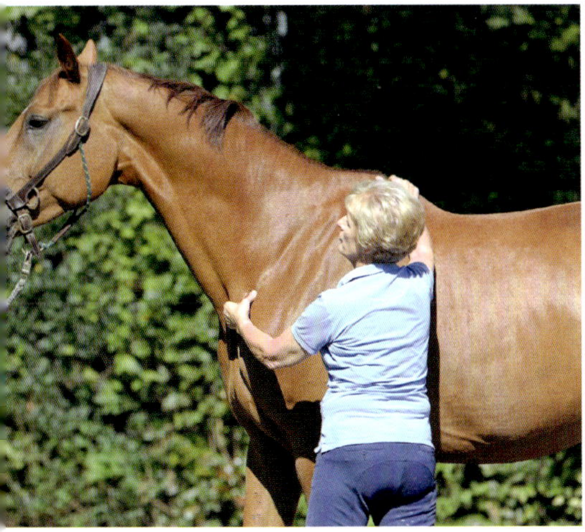

Greifen Sie mit der Hand direkt oberhalb der Drosselrinne in den Armkopfmuskel.

Ziehen Sie den Muskel langsam zur Seite, bis das Pferd den Hals nach vorwärts-abwärts dehnt.

Der Reiter sollte daher regelmäßig überprüfen, ob das Pferd beim Griff in diesen Muskel willig den Hals dehnt.
Zur Mobilisierung des linken Armkopfmuskels stellt man sich seitlich in Höhe des Vorderbeins an das Pferd, legt die rechte Hand auf den Widerrist und greift mit der linken, weit geöffneten Hand direkt oberhalb von der Drosselrinne in die Muskelmasse des Armkopfmuskels. Dann schließt man die Hand vorsichtig und zieht, das ganze Muskelpaket umfasst haltend, die Hand langsam zur Seite, bis das Pferd den Hals vorwärtsabwärts dehnt.
Die Grifftechnik wird zwei- bis dreimal durchgeführt, sowohl auf der rechten als auch auf der linken Seite.
Ist der Armkopfmuskel so verspannt, dass das Pferd den Hals nicht dehnt, nach dem Reiter schnappt oder den Kopf hoch nimmt, sollten Sie zunächst versuchen, nur die Hautfalten in dieser Region vorsichtig zu dehnen.

Ein Pferd mit verspanntem Armkopfmuskel hebt Kopf und Hals nach oben.

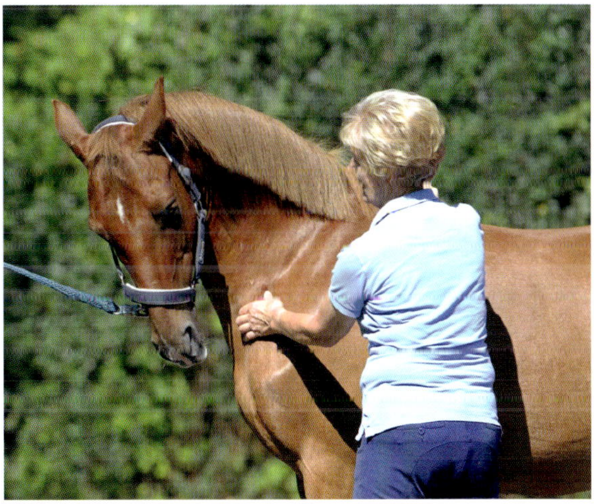

Durch Schnappbewegungen zeigt das Pferd an, dass es intensivere Handgriffe nicht ertragen kann.

01

02

03

01 – 03 Bei stark verspanntem Armkopfmuskel kann man zunächst über vorsichtiges Abheben der Haut und Faszien das Gewebe nach und nach lockern, bis das Pferd den Hals fallen lässt.

FASZIENMOBILISATION

Für verspannte Pferde ist die weichere Faszientechnik besser geeignet. Hier mobilisieren Sie die Haut und das Unterhautgewebe. Da die Faszien mit der Haut und ihren tieferen Schichten verbunden sind, erreichen Sie diese sehr leicht.

Greifen Sie mit einer oder mit beiden Händen das Fell am Übergang vom Pferdehals zum Rumpf und ziehen Sie es vorsichtig vom Pferdekörper weg. Warten Sie, bis das Pferd mehr und mehr den Hals dehnt. Halten Sie den Griff mehrere Sekunden und wenden Sie ihn zwei- bis dreimal auf jeder Seite an. So dehnen Sie das Gewebe.

FASZIENTECHNIK AN SCHULTER/UNTERARM

Die Technik des Faszienabhebens kann ebenso in der Schulter- und Unterarmregion angewandt werden. Greifen Sie mit einer oder beiden Händen gefühlvoll die Haut im Bereich des Schulterblatts und ziehen Sie sie zur Seite. Das Pferd soll sich dabei nach und nach entspannen.

Machen Sie dies zwei- bis dreimal auf jeder Seite. Häufig reagiert das Pferd auf einer Seite empfindlicher als auf anderen.

Damit Sie selbst ein Gefühl für Gewebespannung und Beweglichkeit entwickeln, greifen Sie mit zwei Fingern die Haut des eigenen Handrückens und ziehen Sie sie nach oben. Anschließend greifen Sie sich in den Oberarmmuskel (Bizeps) und heben ebenfalls die Haut an. Sie werden spüren, dass sich viel mehr „Masse" zwischen den Fingern befindet, wenn das Gewebe des Oberarms abgezogen wird. Befindet sich dort eine Narbe, werden Sie feststellen, dass das Gewebe in dieser Region nicht so leicht abzuheben ist wie auf der Gegenseite. Das Gefühl des Abhebens kann sogar schmerzhaft sein.

Das können Sie natürlich direkt auf das Pferd übertragen: Auch bei einer Narbe am Körper

Die Faszien über dem Schulterblatt können in der gleichen Weise wie der Armkopfmuskel gelockert und gedehnt werden.

des Pferdes ist das Abheben des Gewebes an dieser Stelle möglicherweise viel schwieriger und das Pferd reagiert eventuell abwehrend. Sie müssen die Intensität der Grifftechnik also so dosieren, dass das Pferd die Mobilisierungen toleriert und auch genießt. Das kann manchmal erst nach mehreren Anwendungen der Fall sein.

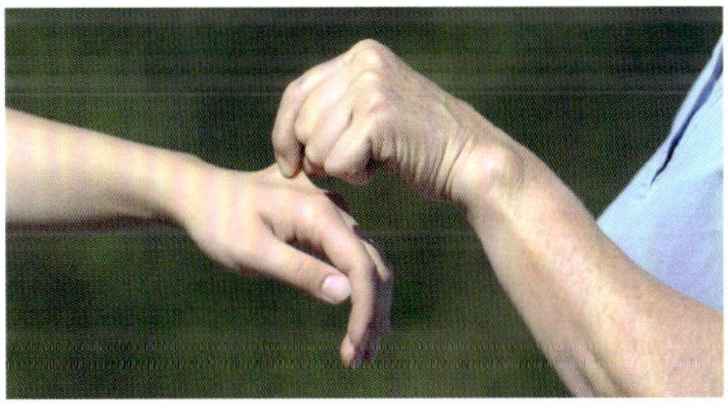

01

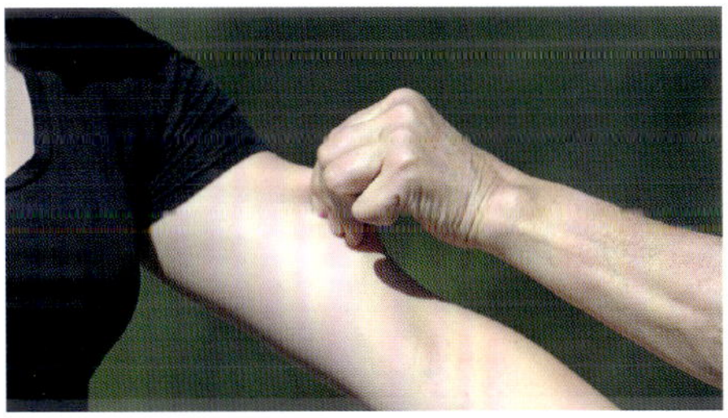

02

01 Ziehen wir die Haut unseres Handrückens (oder auch die anderer Körperregionen nach oben), dehnen wir unsere eigenen Faszien.

02 Faszien können sehr unterschiedlich sein. Die Faszien am Oberarm fühlen sich fester an als die des Handrückens.

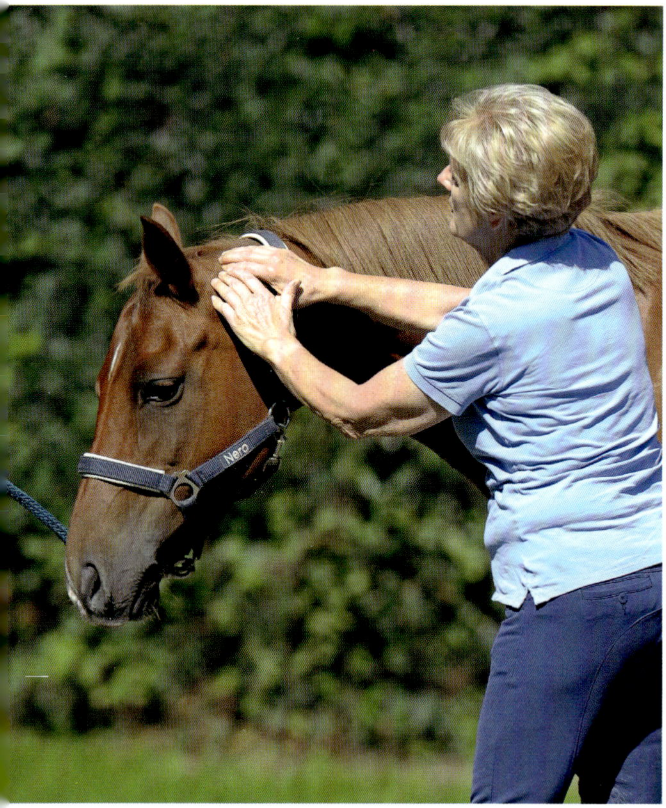

Sanfte, kreisende Bewegungen mit den Fingerspitzen am Genick entspannen das Pferd.

Mit dem Gabelgriff massieren Sie vorsichtig die Genickmuskulatur.

MASSAGE DER NACKENMUSKULATUR

REIBUNG MIT DEN FINGERKUPPEN

Viele Pferde sind im Bereich des Genicks sehr empfindlich, die Muskeln und das gesamte Gewebe in diesem Umfeld sind häufig verspannt. Die Ursachen dafür können vielfältig sein. Vielleicht ist das Pferd gestürzt, es hat sich in das Halfter gehängt oder sich den Kopf an einer Kante angeschlagen. Drückt das Genickstück der Trense, bewirkt das ebenfalls Verspannungen.
Aus dieser Region können auch Kopfschmerzen und Migräne resultieren. Deshalb sollte man dem Pferd gegenüber sehr sensibel in der Wahrnehmung sein. Legen Sie die lockeren Finger zunächst ganz behutsam auf die linke Seite des Genicks und machen Sie kreisende, reibende Bewegungen. Entspannt sich das Pferd und lässt es den Hals nach und nach fallen, können Sie den Druck etwas erhöhen (eventuell mit der zweiten Hand). Massieren Sie ein bis zwei Minuten und wechseln Sie dann zur anderen Seite, um auch dort die Muskeln sanft zu lockern. Die meisten Pferde genießen das sehr und sind dankbar.

DER GABELGRIFF

Zeigt sich das Pferd entspannt, können Sie das Genick auch mit dem „Gabelgriff" massieren. Spreizen Sie Daumen und Mittelfinger, legen Sie beide Finger über das Genick und beginnen Sie mit leichtem und vorsichtig stärker werdendem Druck, das Gewebe rechts und links des Genicks nach oben zu ziehen. Auch hier sind ein bis zwei Minuten Massage ausreichend.

MASSAGE DER KAUMUSKULATUR

Die Kaumuskulatur des Pferdes (z. B. Musculus masseter) wird immer noch viel zu wenig beachtet. Zu den häufigen Ursachen für Verspannungen in diesem Bereich zählen ein zu eng geschnalltes Reithalfter, Zahnprobleme, Läsionen des Zungenbeins, der Unterkiefermuskulatur oder ein Schlag gegen die Wange von einem Weidegenossen. Folglich entstehen auch aus dieser Region heraus Kopfschmerzen beim Pferd.

Stellen Sie sich links neben das Pferd und üben Sie mit den Fingerspitzen beider Hände einen leichten Druck auf die Kaumuskeln aus. Bewegen Sie die Finger sanft in langsam kreisenden Bewegungen. Je nach Toleranz des Pferdes kann der Druck allmählich stärker werden.

Wenden Sie diese Technik etwa ein bis zwei Minuten an.

Pferde mit Kiefergelenkproblemen oder Verletzungen von Zähnen oder Kopfleiden häufig unter Verspannungen der Kaumuskulatur.

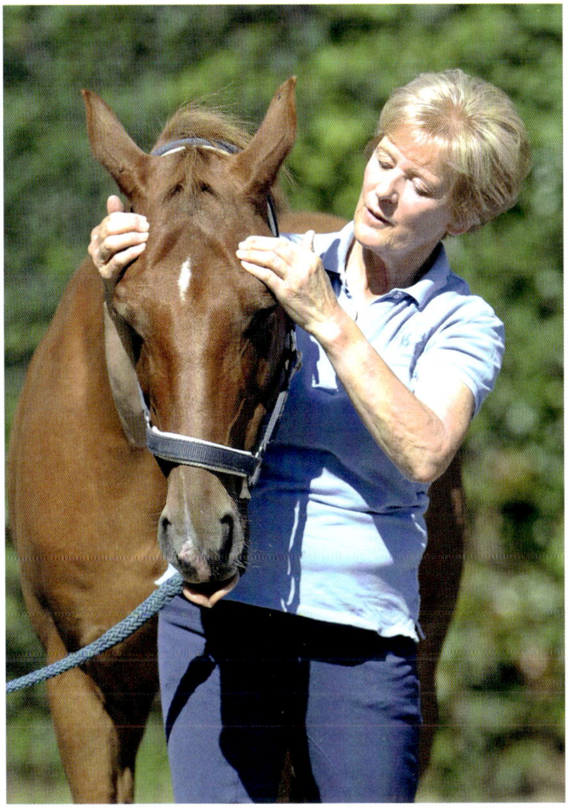

Ausgesprochen entspannend wirkt die Friktionsmassage des Schläfenmuskels, der sich rechts und links vom Schopf abzeichnet.

ENTSPANNUNG DES SCHLÄFENMUSKELS

Der Schläfenmuskel (Musculus temporalis) ist ein klassischer Kopfschmerzmuskel. Es gibt Pferde, die, wenn sie von vorne betrachtet werden, auf einer Seite einen sichtbar verspannten Schläfenmuskel aufweisen. Sie erkennen den Schläfenmuskel, der sich rechts und links des Schopfes abzeichnet.

Die Technik zur mobilisierenden Massage ähnelt der Massage des Kaumuskels. Allerdings werden die Finger zur Behandlung des Schläfenmuskels vorne auf der Stirn aufgelegt. Mit kreisenden Bewegungen der Fingerkuppen und mit leichtem Druck wird das Muskel- und Hautgewebe massiert. Auch hier sind ca. ein bis zwei Minuten auf jeder Seite ausreichend.

Greifen Sie mit den Fingerkuppen gefühlvoll von innen an den Unterkiefer und führen Sie kreisende Bewegungen mit leichtem Druck aus. Dadurch entspannt sich die Muskulatur.

MOBILISATION DES BRUSTBEIN-UNTERKIEFERMUSKELS

Der Brustbein-Unterkiefermuskel (Musculus sternomandibularis) kommt vom Brustbein und zieht am Hals entlang zum Unterkiefer, wo er von innen im Unterkieferknochen verankert ist. Er ist ein wichtiger Maulöffner, sorgt für die Bewegung des Unterkiefers und ist daher beim Kauen ständig aktiv. Diese Muskulatur ist sehr oft schmerzhaft verspannt, ausgelöst durch Haken auf den Zähnen, Kiefergelenkprobleme, zu eng geschnallte Sperrhalfter oder durch zu starke oder ungeschickte Handeinwirkung des Reiters.

01 Eine lockere, geöffnete Ganasche ist auch ein Indikator für ein lockeres Genick. Jeder Reiter sollte von Zeit zu Zeit die Ganaschenbeweglichkeit überprüfen.

02 Bei lockerer Ganasche schiebt sich bei Seitneigung des Kopfes der Unterkiefer leicht über die aufgestellte Hand.

Sie können den Ansatz dieser Muskeln aber effektiv lockern.
Greifen Sie mit gestreckten Fingern einige Zentimeter an der Innenkante des Kiefers entlang und drücken Sie die Fingerspitzen gefühlvoll in die Tiefe des Gewebes. Häufig versucht das Pferd, sich durch Heben des Kopfes dieser Behandlung zumindest an einigen Stellen zu entziehen. Führen Sie dennoch fortlaufend mit leichtem Druck kreisende mobilisierende Bewegungen mit den Fingerspitzen aus. Vielleicht müssen Sie sich selber dabei ein wenig in die Höhe recken.
Massieren Sie mindestens eine, höchstens drei Minuten.

01

02

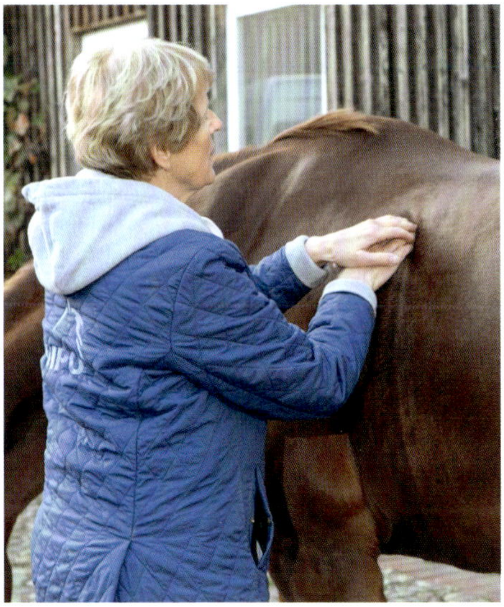

Streichen Sie mit den Fingerkuppen zwischen den Rippen von unten nach oben.

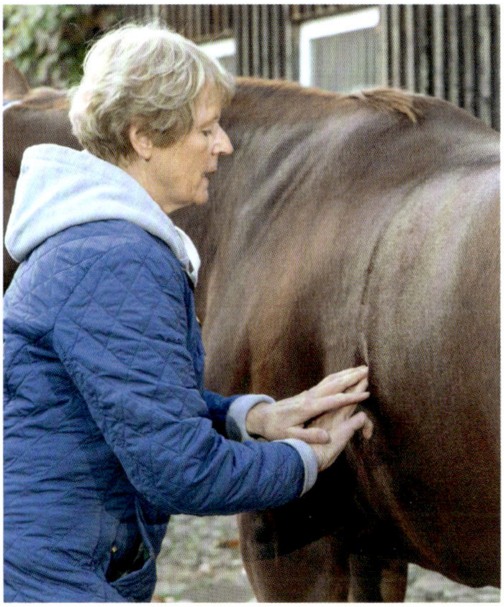

Das Ausstreichen entspannt die Atmungsmuskulatur und fördert die Beweglichkeit der Rippen.

MOBILISATION DER GANASCHEN

Ist die Kaumuskulatur verspannt, ist häufig auch die Beweglichkeit der Ganaschen eingeschränkt. Zur Mobilisierung dieser Region führen Sie die rechte Hand aufrecht und mit gestreckten Fingern in die linke Ganasche, hinter den Kieferwinkel. Ihr Unterarm ist direkt oberhalb der Drosselrinne am Hals des Pferdes. Mit der linken Hand bewegen Sie den Kopf des Pferdes langsam nach links zur Seite, die rechte Hand und der rechte Unterarm bleiben an Ort und Stelle. Bemerken Sie beim Bewegen des Kopfes einen Widerstand, dann halten Sie einen Moment inne, bis Sie spüren, dass das Gewebe weich wird. Man sagt auch, es „schmilzt". In dem Maße, wie das Gewebe „dahinschmilzt", führen Sie den Kopf weiter zur Seite, bis die aufrecht gestellten Finger ganz in der Ganasche verschwinden. Die gleiche Grifftechnik wenden Sie auf der anderen Seite an.
Sollte das Pferd sehr unwillig reagieren, den Kopf ständig wegziehen oder den ganzen Körper wegdrehen, dann ziehen Sie besser einen versierten Therapeuten hinzu.

ZWISCHENRIPPENRÄUME AUSSTREICHEN

Alle Rippen sind über kurze Muskeln miteinander verbunden, die an der Ein- und Ausatmung beteiligt sind. Aus diesem Grund ist die freie Beweglichkeit der Rippen sowie der sie umgebenden Gewebeschichten äußerst wichtig. Auch das Schulterblatt, das mit seinen Anheftungen auf den Rippen liegt, muss über eine gute Beweglichkeit verfügen (siehe S. 102, 103). Häufig fühlen wir in diesem Bereich erhebliche Festigkeiten und Verquellungen, die z. B. durch zu festes Gurten verursacht wurden, durch das Nach-vorne-Rutschen des Sattels, durch Gurtstrupfen, die unter dem Sattelblatt und damit direkt auf den Rippen verlaufen und Druck ausüben, durch unpassende Gurte etc.
Stellen Sie sich neben das Pferd und fühlen Sie die leichte Vertiefung zwischen zwei Rippen. Legen Sie Ihre Fingerkuppen in diese Vertiefung, etwa in Höhe des Sattelblattendes, und ziehen Sie sie mit Druck nach oben. Stabilisieren Sie mit Ihrer zweiten Hand die Zughand, denn diese Technik ist für die Finger durchaus anstrengend.

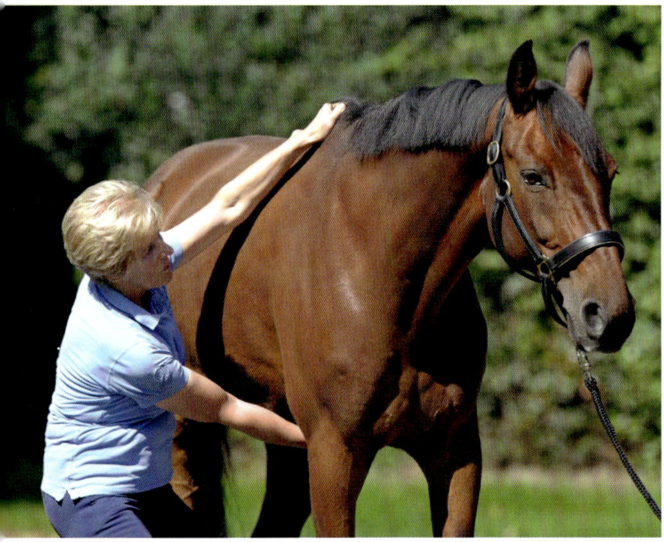

Geben Sie mit der unteren Hand den Impuls zum Aufwölben der Sattellage. Die obere Hand bewegt die Dornfortsätze zum Körper hin und vom Körper weg.

MOBILISATION DES WIDERRISTS

Der Widerrist weist die längsten Dornfortsätze auf. Er muss beweglich sein, weil sich auch die Bewegung des Halses bis in die Brustwirbelsäule fortsetzt. Im mittleren Teil der Brustwirbelsäule findet ihre größte Rotation statt.

Greifen Sie mit der rechten Hand das Fell der Gurtlage und bringen Sie es in leichte Dehnung. Die Finger der linken Hand legen Sie über die Dornfortsätze des Widerrists. Ziehen Sie sie im Wechsel zu Ihrem Körper und drücken Sie sie wieder von sich weg, wobei die Hand in der Gurtlage weiterhin den Impuls zum Aufwölben der Sattellage gibt. So erreichen Sie eine effektive Mobilisierung des Widerrists, bei dem sich das Pferd sichtlich entspannt und den Hals dehnt. Häufig beginnt es auch zu gähnen und zu kauen und zeigt so sein Wohlbefinden.

Diese Grifftechnik wiederholen Sie fünf- bis zehnmal. Sie ist bei vielen Pferden anzuwenden, denn in diesem Bereich kommt es häufig zu Bewegungseinschränkungen.

MASSAGE DES LANGEN RÜCKENMUSKELS

Viele Pferde sind in der Rückenmuskulatur sehr verspannt und genießen es, wenn sie in dieser Region massiert werden. Besonders dankbar sind sie oft für eine Massage vom hinteren Sattelrand bis zum Hüfthöcker. Arbeiten Sie sich hier entlang, so lockern Sie vor allem den langen Rückenmuskel (Musculus longissimus).

Stehen Sie dazu seitlich am Pferd, in Höhe der Lendenwirbelsäule. Legen Sie die Fingerkuppen beider Hände aufeinander und drücken Sie die Finger vorsichtig, aber immer tiefer eindringend, in den Muskel. Führen Sie dabei kleine kreisende Bewegungen aus. Achten Sie darauf, dass nicht auf der Haut hin und her gekreist wird, sondern in der Tiefe des Muskels.

Passen Sie die Intensität der kreisenden Massage dem Pferd an. Nach vorsichtigem Beginn kann der Druck stärker werden. Das Pferd zeigt durch seine Reaktion, ob Sie das richtige Druckmaß anwenden. Die meisten Pferde lieben diese Massage und dehnen sich genussvoll über ihre ganze Länge.

Pferde genießen kreisende Bewegungen, die mit leichtem Druck der Fingerkuppen ausgeführt werden.

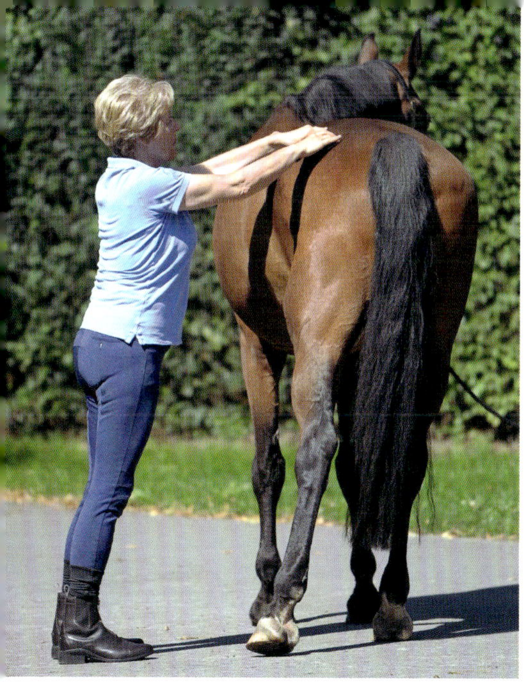

Bei der Massage des Kruppenmuskels entlastet das Pferd oft das gleichseitige Bein.

MASSAGE DES KRUPPENMUSKELS

Ebenso häufig wie der lange Rückenmuskel ist die Kruppenmuskulatur (Musculus glutaeus) der Pferde verspannt. In der Regel ist die Muskelverspannung auf einer Seite deutlich stärker ausgeprägt. Pferde lieben die Lockerung dieses Muskelareals sehr. Sie spüren, wie sich die ständige krampfartige Verspannung durch diese Griffe nach und nach löst.
Die Technik ist die gleiche wie bei der Massage des langen Rückenmuskels, jedoch wird an dem Punkt begonnen, an dem die Kruppe schräg nach hinten abfällt.
Von der Mittellinie aus gesehen werden die Fingerkuppen etwa eine Handbreit nach außen mit Druck auf den Kruppenmuskel aufgesetzt. Von dort bewegen sie sich mit kreisenden Bewegungen langsam schweifwärts. Während dieser Technik dehnt das Pferd sich häufig und macht sich immer länger. Vielleicht bringt es seine Dankbarkeit und sein Wohlgefühl dadurch zum Ausdruck, dass es mit den Lippen den ganzen Arm des Halters herauf- und herunterknabbert. Gelegentlich schaut es sich auch erstaunt um, um zu sehen, was mit ihm gemacht wird. Es kann auch sein, dass es Ihnen sein ganzes Hinterteil entgegenstellt. Bei dieser Technik spürt auch der medizinisch nicht Geschulte sehr gut, wo die Verspannung sitzt und wie locker das Gewebe unmittelbar daneben ist.
Massieren Sie zwei bis drei Minuten auf jeder Kruppenhälfte.

FASZIENMOBILISATION DER HÜFTREGION

Faszien sind, wie schon beschrieben, Bindegewebshäute, die sehr dünn und elastisch, aber auch dick und fest-sehnig sein können. Die Faszie im Hüftbereich ist elastisch und kann normalerweise leicht mit der Hand zur Seite „abgezogen“ werden.
Dazu stellen Sie sich seitlich in Höhe der Rippen an das Pferd, legen die linke Hand auf die Kruppe und greifen mit der rechten Hand behutsam die Haut bzw. das Fell der Hüftregion. Ziehen Sie es langsam vom Pferdekörper weg. Greifen Sie zuerst mit den Fingern und warten Sie ab, ob das Pferd diesen Griff

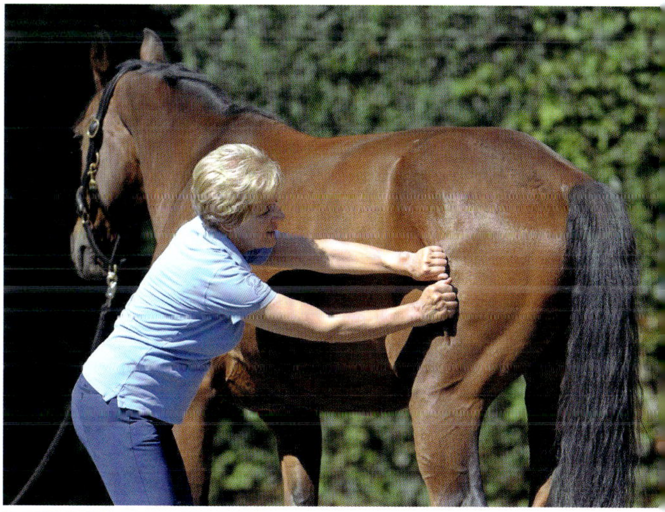

Bei der Faszienmobilisation der Hüfte ist darauf zu achten, dass man sich selber in Richtung Vorhand an das Pferd stellt.

Viele Pferde heben das Hinterbein bei der Behandlung an. Positionieren Sie sich deshalb genügend weit Richtung Vorderbein.

akzeptiert. Erst dann greifen Sie das Gewebe mit der ganzen Hand. Um die Dehnung intensiver zu gestalten, können Sie anschließend mit beiden Händen die Hautfalte ergreifen und vorsichtig dehnend zur Seite ziehen. So mobilisieren Sie auch die darunterliegende Faszie.

Viele Pferde verlagern das Gewicht auf das gegenüberstehende Bein oder heben das Bein auf der behandelten Seite an. Wählen Sie Ihren Standpunkt so, dass das Pferd Sie nicht aus Versehen treffen kann.

Der Griff sollte zwei- bis dreimal auf jeder Seite durchgeführt werden.

AUFWÖLBEN DER LENDENWIRBELSÄULE

Jeder Reiter weiß, dass ein Pferd über den Rücken geritten werden muss. Das heißt nichts anderes, als dass es mit Reiter und Sattel in der Bewegung den Rücken leicht bogenförmig aufwölben soll. Dafür muss es in der Lage sein, das Kreuzbein nach hinten und unten abzusenken, wodurch es zum Aufwölben der Lendenwirbelsäule kommt. Durch diese Bewegung erhalten die Hinterbeine genügend Raum, um nach vorne unter den Schwerpunkt zu treten.

Um zu überprüfen, ob das Pferd überhaupt in der Lage ist, den Rücken aufzuwölben, und um das Aufwölben zu trainieren, steht man hinter dem Pferd und setzt Holzstäbchen mit der leicht spitzen Seite rechts und links von der Mittellinie auf den Punkt, an dem die Kruppe nach hinten abzufallen beginnt. Mit leichtem Druck zieht man die Stäbchen Richtung Schweifrübe, bis das Pferd den Rücken aufwölbt. Achtung! Von Pferd zu Pferd kann die Intensität des Druckes enorm variieren. Bei einem Isländer mit Winterfell wird man mehr Druck ausüben müssen, bei einem Vollblüter dagegen wird ein leichtes Streichen über das Fell schon reichen. Der Druck soll stets nur so intensiv sein, dass das Pferd den Rücken langsam und geradezu genussvoll aufwölbt, so als wenn wir uns früh morgens nach dem Aufstehen dehnen und strecken.

Diese Übung sollte zwei- bis dreimal wiederholt werden. Sie kann sowohl vor dem Reiten als auch danach durchgeführt werden. Da das Pferd beim Aufwölben die Bewegungstendenz nach vorne hat, brauchen Sie nicht zu befürchten, dass es nach hinten ausschlägt.

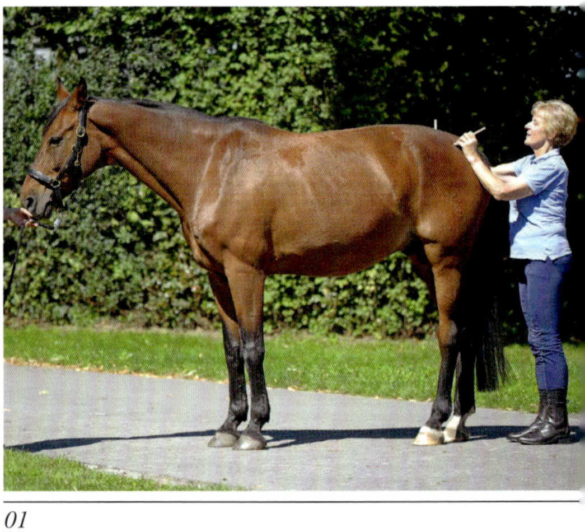

01

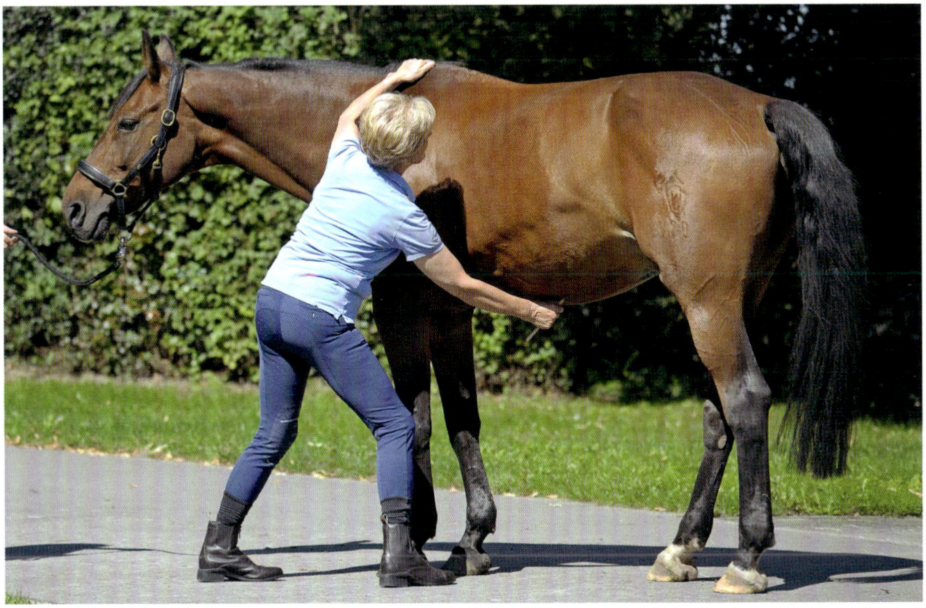

Ziehen Sie das Stäbchen mit einem dem Pferd angepassten Druck von hinten nach vorne über die Mittellinie des Bauches, sodass sich die Sattellage aufwölbt.

AUFWÖLBEN DER SATTELLAGE

Neben dem Aufwölben der Kruppe ist das Aufwölben der Sattellage unerlässlich. Auch hier können Sie statt der Hände Stäbchen verwenden.
Stellen Sie sich neben das Vorderbein des Pferdes, legen Sie die linke Hand auf den Widerrist und streichen Sie vorsichtig mit leichtem Druck des Stäbchens von der Bauchmitte des Pferdes nach vorne in die Gurtlage. Dabei beobachten Sie die Sattellage, die sich aufwölben soll. Der Hals des Pferdes soll sich absenken und verlängern. Ist es dem Pferd nicht möglich, die Sattellage aufzuwölben und legt es stattdessen die Ohren an, schnappt, versucht zu treten oder drückt trotz des Stäbchenzugs verstärkt den Rücken weg, dann können Sie zunächst versuchen, die flache Hand in den Gurtbereich zu legen und mit sanftem Druck kreisende Massagebewegungen auszuführen, bis sich das Pferd entspannt. Reagiert es auch dabei abwehrend, sollte unbedingt ein Therapeut hinzugezogen werden. Reiten Sie das Pferd so lange nicht, bis es die Sattellage auf leichten Impuls hin aufwölbt.

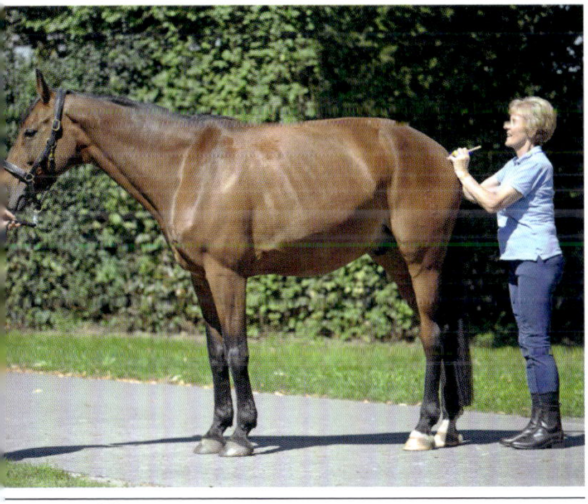

02

01 Zum Aufwölben der Lendenwirbelsäule werden die Stäbchen dort angesetzt, wo die Kruppe beginnt abzufallen.

02 Ziehen Sie die Stäbchen mit einem dem Pferd angepassten Druck zum Schweif, bis das Pferd den Rücken aufwölbt.

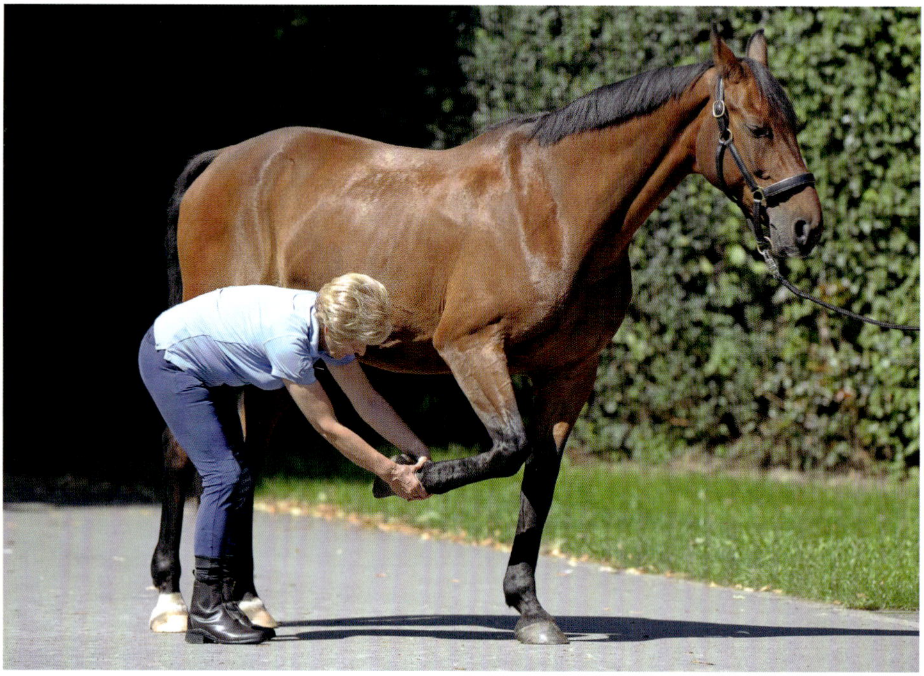

Umgreifen Sie den Huf und führen Sie das Vorderbein in Richtung Hinterbein. Warten Sie, bis zu spüren ist, dass das Pferd nachgibt.

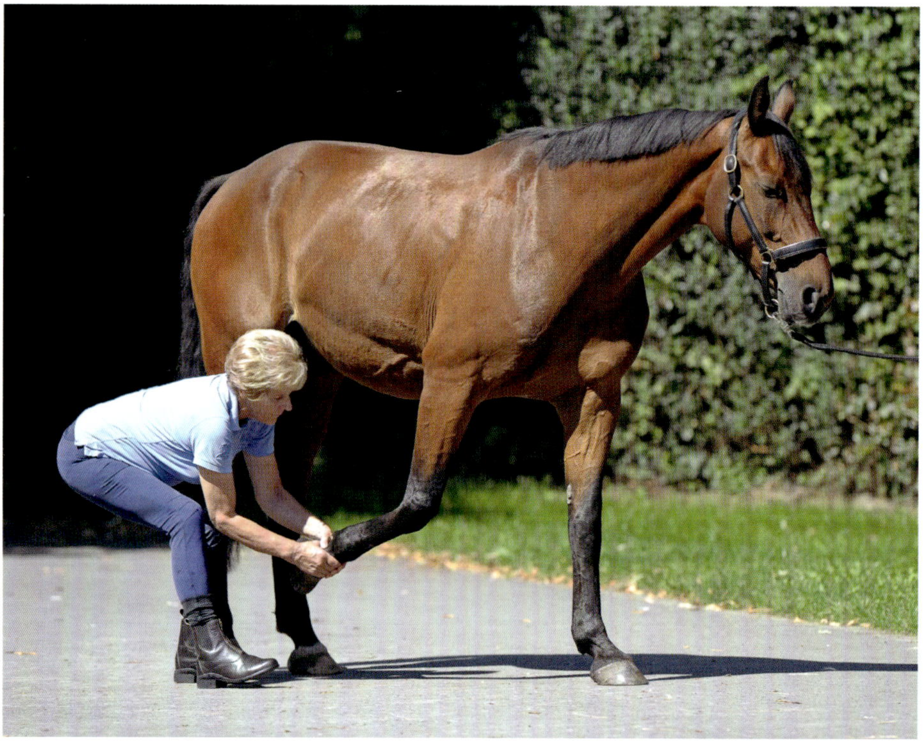

Nun kann das Bein peu á peu weiter nach hinten geführt werden.

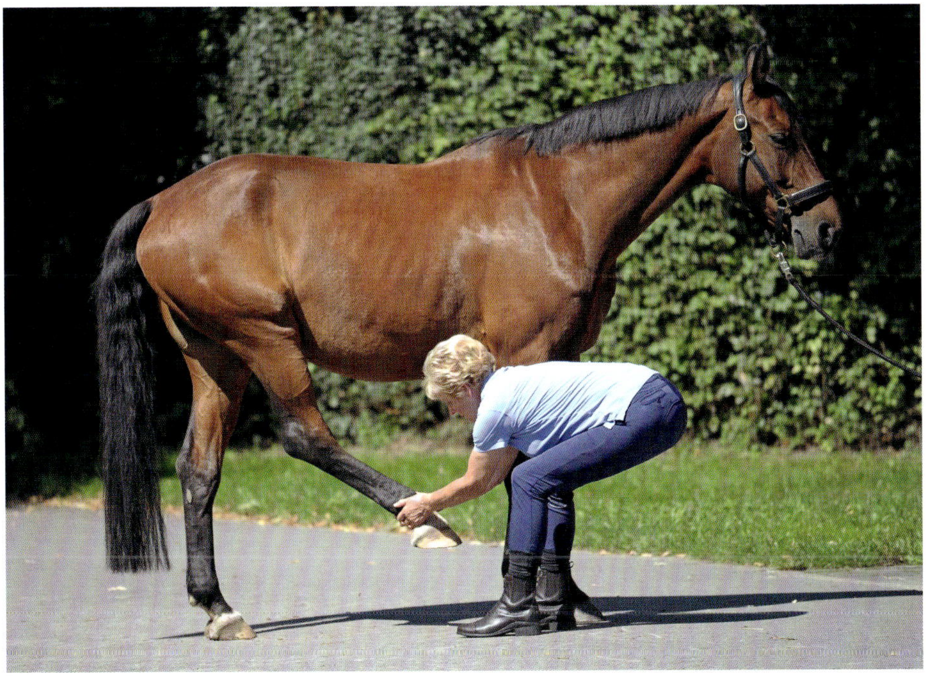

Viele Pferde neigen dazu, nach hinten herauszugehen, weil die langen Sitzbeinmuskeln verkürzt sind. Zur Verbesserung des Untertretens müssen sie gedehnt werden.

MOBILISATION DES SCHULTERBLATTS

Der Begriff „die Vorhand auf die Hinterhand einrichten" beinhaltet das Lockermachen der Schultern, das auch manuell unterstützt werden kann.

Umgreifen Sie das Vorderbein am Huf und führen Sie es bodennah zum gleichseitigen Hinterbein. Zu Beginn wird das Pferd vielleicht nicht lockerlassen. Halten Sie dann auf halber Strecke inne und warten Sie, bis das Pferd nachgibt. Erst dann wird der Vorderhuf weiter nach hinten geführt. Beobachten Sie den Pferderücken, werden Sie feststellen, dass er sich aufwölbt. Das Schulterblatt bewegt sich nach vorne, also kopfwärts. Ziehen Sie dagegen das Vorderbein nach vorne heraus, wird das Pferd den Rücken wegdrücken und Hals und Kopf anheben. Vom reiterlichen Standpunkt aus ist es also viel sinnvoller, das Vorderbein nach hinten zu ziehen. Üben Sie zweimal auf jeder Seite.

DEHNUNG DER LANGEN SITZBEINMUSKELN

Das Pferd soll mit dem Hinterhuf unter den Schwerpunkt treten, so fordert es die klassische Reitlehre. Hierfür sind eine gute Hüftbeugung und gedehnte lange Sitzbeinmuskeln notwendig.

Für diese Mobilisation umgreifen Sie den Hinterhuf in der Fesselbeuge und führen ihn bodennah in Richtung des gleichseitigen Vorderhufes. Bei der Dehnung verfährt man in gleicher Weise wie bei der vorigen Übung, bringt den Hinterhuf dabei aber so weit wie möglich nach vorne. Auch hier halten Sie inne, wenn zu spüren ist, dass das Pferd nicht weiter nachgibt. Bleiben Sie in dieser Position und warten Sie, bis Sie fühlen, dass das Pferd sich nach und nach entspannt. Erst dann kann das Hinterbein weiter zum Vorderbein geführt werden.

Üben Sie zweimal mit jedem Bein. Wichtig ist, das Sie selbst auch entspannt sind.

ANWENDUNGEN MIT WÄRME UND KÄLTE

FEUCHTE WÄRME

Während der Nachbehandlung und Rehabilitation eines Pferdes durch den Reiter oder Besitzer kann, neben den klassischen Massagegriffen und Dehnübungen, auch die Wärmetherapie den Genesungsprozess unterstützen. Wärme fördert die Durchblutung, wirkt krampflösend und stoffwechselanregend. Dadurch wird die Versorgung mit Sauerstoff und der Abbau und Abtransport der Abfallprodukte in den Geweben verbessert. Die durch Wärme hervorgerufene Entspannung lindert nicht nur die Schmerzen, sondern kann darüber hinaus die lokale Immunabwehr steigern.

Erfolgreich eingesetzt wird die Wärmebehandlung bei allen chronischen, degenerativen Veränderungen und Erkrankungen des Bewegungsapparates. Auch im Leistungssport hilft Wärme dem Pferd, da sie die Regeneration der stark beanspruchten Muskulatur maßgeblich unterstützt.
Insbesondere die feuchte Wärme kann bei Verspannungen, bei Muskelkater und zur Schmerzlinderung eingesetzt werden. Bei diesem altbewährten Hausmittel tauchen Sie ein bis zwei Frotteehandtücher in heißes Wasser, wringen sie aus und legen Sie auf den Rücken des Pferdes. Darauf platzieren Sie dann ein bis zwei Wärmflaschen. Etwa zwanzig Minuten sollte diese entspannende und durchblutungs-

Das in heiß-warmes Wasser getauchte und ausgewrungene Handtuch wird auf den Pferderücken und/ oder die Kruppe gelegt. Darauf wird die Wärmflasche platziert.

fördernde Anwendung dauern. Decken Sie anschließend den Pferderücken mit Heu oder Stroh ab und legen Sie eine Decke darüber. Im Unterschied zur trockenen Wärmequelle werden bei der feuchten Wärme verstärkt arterielle Blutgefäße erreicht, die das sauerstoffreiche Blut ins Gewebe transportieren.

DIE HEISSE ROLLE

Eine weitere effektive Form der feuchten Wärmeanwendung ist die „Heiße Rolle". Sie ist kostengünstig und auch im Pferdestall einfach einzusetzen. Benötigt wird hierfür lediglich ein Wasserkocher mit ca. einem Liter Fassungsvermögen (bei Ställen ohne Strom kann auch heißes Wasser in einer Thermoskanne von zuhause mitgebracht werden) und zwei mittelgroße Handtücher. Je größer die Muskelareale sind, die mit der Heißen Rolle bearbeitet werden, desto mehr heißes Wasser und Handtücher werden gebraucht.
Die Handtücher werden der Länge nach gefaltet und nacheinander eng zu einem Trichter aufgerollt. Das stramme Aufwickeln verhindert das Tropfen des heißen Wassers. Gießen Sie von oben das gerade nicht mehr kochende Wasser langsam in den Handtuchtrichter. Von innen nach außen werden sich die Handtuchschichten nun mit dem heißen Wasser vollsaugen.

ANWENDUNG

Wann kann die Heiße Rolle sinnvoll eingesetzt werden?

- Bei chronischen Erkrankungen des Bewegungsapparates
- Bei Arthrosen
- Bei Muskelverspannungen
- Zur Entspannung bei Nervosität
- Bei chronischen Atemwegserkrankungen (ohne Fieber)

Wann darf die Heiße Rolle nicht angewandt werden?

- Bei Entzündungen
- Bei Fieber und Infektionskrankheiten
- Bei Gelenkentzündungen, akuten Arthroseschübe
- Bei offenen Wunden
- Bei frischen Narben, z. B. nach Kastration oder Kolikoperation

Das heiße Wasser wird von oben in die fest aufgerollten Handtücher gegossen.

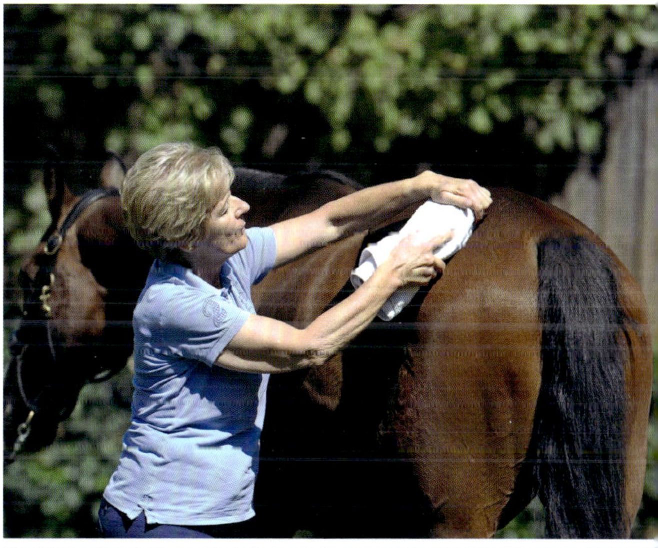

Mit kurzem, kräftigem Druck wird die heiße Rolle auf die verspannten Muskelareale getupft.

Die Heiße Rolle wird nun mit kräftigem, kurzem Druck auf den verspannten Bereich aufgetupft. Nach und nach wird dabei das Handtuch abgerollt, um neues heißes Tuch zum Auftupfen zu verwenden. Der abgekühlte Teil wird dabei wieder neu in die andere Richtung aufgerollt. So bringen Sie immer genügend feuchte Wärme ins Gewebe. Die Kombination von mechanischem Druck und Wärme regt die Mehrdurchblutung des betroffenen Gewebes stark an, erhöht den Stoffwechsel, steigert die lokale Immunabwehr, lindert Schmerzen und baut die Spannung in den Geweben ab.
Sind die Handtücher vollständig abgerollt und aufgetupft worden, können die noch warmen Tücher auf die behandelte Region gelegt werden. Je nach Wetter und Temperatur können Sie trockene Handtücher und Decken auf die feuchten Tücher legen, um ein zu rasches Auskühlen der Körperpartien zu verhindern.

FEUCHTE KÄLTE

Auch aus der Kältetherapie, der sogenannten Kryotherapie, können Besitzer und Reiter einfache Methoden therapeutisch wirksam einsetzen. Dabei unterscheidet man wie bei der Wärmetherapie zwischen trockener und feuchter Kälte. Bei beiden Anwendungsformen geht es grundsätzlich darum, den Geweben lokal die Wärme zu entziehen und eine Gefäßverengung zu bewirken, um damit Entzündungsanzeichen zu lindern und abschwellend zu wirken. Darüber hinaus reagieren die freien Nervenenden in den Geweben besonders gut auf die einwirkenden Kältereize und vermitteln sie schneller an das Gehirn als die Schmerzinformationen. Somit wird der Einsatz von Kälte in der Schmerztherapie sehr geschätzt. Unserer Erfahrung nach entfaltet insbesondere die feuchte Kälte eine nachhaltige, stark schmerzstillende und abschwellende

Bei Schwellung, Hitze, Schmerz hilft der Eislolli. Er wird langsam hin und her bewegt.

Wirkung und kann auch beim Pferd einfach und kostengünstig angewendet werden. Neben kalten Moorpackungen, Coolpads, Eiswasser, Eiswürfeln, kalten Kohlwickeln und Quarkumschlägen haben sich besonders die Eislollis bewährt (siehe unten).
In der Kälteanwendung sollte man zwischen Kurzzeitanwendungen (fünf bis zehn Minuten) und Langzeitanwendungen unterscheiden. Insbesondere bei frischen Verletzungen und anschwellenden Prellungen ist eine sofortige Kälteanwendung und Kompression unerlässlich. Der aufgebrachte Druck und die Kälte verhindern ein Einbluten in die Gewebe, weil sich die Blutgefäße schließen. Damit wird eine Schwellung verhindert bzw. deutlich vermindert. Kälte in Form von Eiswürfeln, Eislollis oder Coolpacks sollte also sinnvollerweise in erreichbarer Nähe sein, um frische Prellungen (bei Pferd und Reiter) sofort notfallmäßig betreuen zu können. Die Rehabilitation kann durch diese „Erste-Hilfe-Maßnahme" nachweislich beschleunigt werden. Ist kein Kühlschrank oder Gefrierfach am Stall vorhanden, eignen sich auch Eissprays als Erstmaßnahme.
Die Wirkung gerade von feuchter Kälte ist höchst effektiv und wird deshalb in allen Sparten der Sportphysiotherapie angewendet. Beim ersten Kontakt mit der Kälte werden sich Blut- und Lymphgefäße schließen, sodass es zur kurzzeitigen Minderversorgung des Gewebes kommt. Als Reaktion darauf kommt es aber zur verstärkten Öffnung und Intensivierung der Durchblutung, die sowohl vermehrt Nährstoffe und Sauerstoff ins Gewebe schwemmt als auch Stoffwechselendprodukte (Stoffwechselmüll) aus ihm abtransportiert. Im Übrigen ist es nicht nötig, ein Tuch oder einen Vlies zwischen Pferdekörper und Eis zu legen, um seine Wirkung abzuschwächen. Das Fell sollte sogar mit kaltem Wasser nass gemacht werden, damit die Kälte besser in das Gewebe einziehen kann. Das ist viel effektiver, als wenn „stundenlang" der Wasserschlauch auf das Bein gehalten wird.

ANWENDUNG

Wann kann der Eislolli sinnvoll eingesetzt werden?

- Bei akuten Verletzungen und Prellungen
- Nach Operationen zur Vermeidung von Schwellungen durch Einblutungen in die Gewebe und zur Schmerzlinderung
- Bei Satteldruck (Kopfeisen)
- Wirkt schmerzlindernd und abschwellend bei akuten Gelenkentzündungen und akuten rheumatischen Prozessen
- Bei Sehnen- und Muskelansatzreizungen zur Schmerzreduktion und zur Durchblutungsförderung
- Bei Sehnen- und Sehnenscheidenentzündungen
- Bei Schleimbeutelentzündungen
- Bei Reizungen der Knochenhaut, Überbeinbildung
- Als Kurzzeitanwendung bei schlaffen Lähmungen, um die Muskelaktivität zu steigern

Wann darf der Eislolli nicht eingesetzt werden?

- Bei Durchblutungsstörungen
- Bei infizierten, offenen Wunden
- Bei schlechtem Allgemeinzustand

DER EISLOLLI

In der Physiotherapie hat sich der Eislolli bewährt. Mit einem leeren, ausgespülten Joghurtbecher, einem Teelöffel oder Holzspatel und Wasser lässt er sich kostengünstig selber und ohne viel Aufwand im Gefrierfach herstellen. Man füllt dazu den Joghurtbecher mit Wasser (nicht randvoll, weil sich Wasser beim Gefrieren ausdehnt), platziert den Löffel oder Spatel in der Mitte und steckt ihn durch den Schlitz eines auf die Joghurtbecheröffnung zugeschnittenen Deckels (z. B. von einer Eisschachtel). So bleibt der Spatel bei noch nicht gefrorenem Wasser am Platz. Bei Bedarf kann der Eislolli mit sanften Bewegungen über die betroffene Stelle, das geschwollene Gelenk und Gewebe gestrichen und so präzise und effektiv angewendet werden.

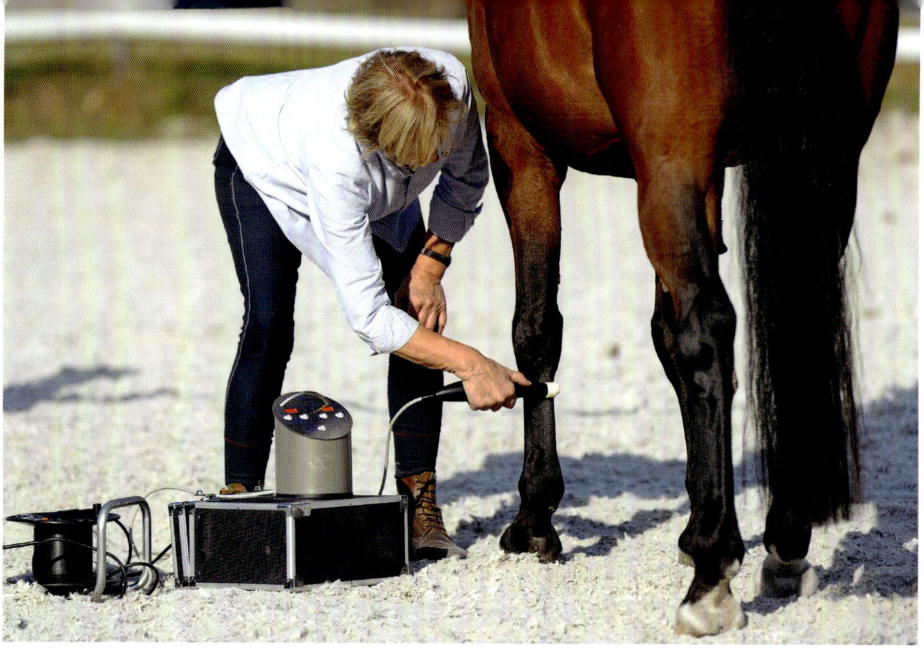

Die Matrixanwendung ist sehr effizient bei Schwellungen der Sehnen oder Sehnenscheiden, aber auch zur Narbenbehandlung, z. B. nach Verletzungen durch Draht, Tritte oder Quetschungen.

MATRIX-THERAPIE

Zur Umsetzung der klassischen Reitlehre ist eine harmonische Schwingung zwischen Reiter und Pferd nötig. Erst dann kann Durchlässigkeit erreicht, spannungsfreie Bewegung ausgeführt, Ausstrahlung und Eleganz sichtbar werden. Alles im Körper muss schwingen können – beim Reiten idealerweise in beiden Körpern, bei Pferd und Mensch.
Rhythmische Schwingungen dienen den unterschiedlichen Körperzellen eines Lebewesens zur Kommunikation. Die Zellen treten miteinander in Resonanz und erzeugen über die rhythmischen Bewegungen einen Pump-Saug-Effekt auf die Flüssigkeiten in und zwischen den Zellen. Die von der Skelettmuskulatur erzeugten Schwingungen zum Beispiel, die für das Auge nicht sichtbar sind, nehmen bei der Reinigung der Bindegewebe einen großen Stellenwert ein. Flüssigkeitsströme in den Bindegeweben und den Zellen sind wichtig für den Abtransport von Schlackenstoffen, Zellresten und Stoffwechselendprodukten. Diese Reinigungsprozesse werden durch die Schwingungen der sogenannten extrazellulären Matrix (Bindegewebe) nachhaltig unterstützt. Im Ruhezustand ist die Muskulatur mit ihrem Bindegewebe keineswegs ruhig, sondern sie schwingt immer noch in einem Rhythmus von 8 bis 12 Hz, also 8 bis 12 Mal pro Sekunde. Bei Bewegung und Arbeit steigt die Schwingung bis auf ca. 30 Hz. Die Muskulatur ist hierbei der größte Taktgeber im Organismus. Die Bedeutung der Schwingungen und Bewegungen, die die Ver- und Entsorgung der Gewebe gewährleisten, fasste der Arzt Dr. Pischinger in seinem Buch „Das System der Grundregulation" zusammen.
Aus der Perspektive des Gesundheitsmanagements sind gestörte oder verloren gegangene Schwingungsfrequenzen in den Muskeln und Geweben nicht nur die Eintrittspforte für Verspannungen und Fehlbelastungen, sondern auch für ernste Krankheiten. Das Zellmilieu „vermüllt" durch angesammelte Säuren, Schlackenstoffe und Zellfragmente. Die Transitstrecken für den Versorgungskreislauf der Zellen mit Nährstoffen aus den Blutgefäßen und Lymphen werden blockiert. Die Therapie erfolgt mittels der biomechanischen Stimulation. Die sogenannte Matrix-Therapie wirkt mithilfe eines schwingenden Gerätes von außen auf den Organismus und wird lokal in der Region der betroffenen Gewebe angewandt.

Mit einem Therz-Matrix-Gerät können beispielweise Muskelverspannungen beseitigt werden. Das funktioniert, indem die Muskulatur von außen über durch das Gerät einwirkende Schwingungen wieder „eingetaktet" wird. Diese Eigenschwingungen bewirken dann einen Pump-Saug-Effekt, sodass die physiologischen Prozesse zur Selbstreinigung wieder aufgenommen werden können.

FÜR PFERD UND MENSCH

Die gewünschte reiterliche Durchlässigkeit wird durch die Matrix-Therapie auf zellulärer, mikroskopischer Ebene erreicht. Die Geschmeidigkeit und Belastbarkeit von Muskeln, Sehnen, Faszien und Bindegeweben werden gefördert.

Im Rahmen der Pferdeosteotherapie wird die Matrix-Therapie auch unterstützend eingesetzt, um die Selbstheilungskräfte des Organismus wieder in Schwung zu bringen. Sportlern bietet diese Therapieform eine ideale Grundlage für die Regenerationsprozesse in den Trainingspausen. In unserer Praxis lassen sich daher auch zahlreiche Reiter matrixen.

Die ersten Behandlungen mit der Matrix-Therapie sollten auf jeden Fall durch einen Therapeuten erfolgen, der über tiefgehende anatomische und physiologische Kenntnisse des Pferdes verfügt. Bei spezifischen Krankheitsbildern sollte Rücksprache mit dem behandelnden Tierarzt gehalten werden. Nach einer gründlichen Einweisung können auch Reiter und Besitzer die Matrix-Therapie anwenden. Dies ist insbesondere möglich bei den klassischen Feldern, wie z. B. Rückenverspannungen, Sehnenproblemen oder alten Narben. So können Sie selbst beispielsweise auch nach einer erfolgten osteotherapeutischen Behandlung gezielt nachbehandeln.

In der Praxis haben wir häufig erlebt, dass Pferde diese Therapieform sehr genießen und tief entspannt auf der Stallgasse stehen. Die Schwingungen, die sich im Laufe der Anwendung in der Muskulatur immer weiter ausbreiten, können gut nachgespürt werden, wenn man die Hand auf den Hals legt, während die andere Seite mit dem Matrix-Gerät behandelt wird.

Bei richtiger Frequenzeinstellung genießen die Pferde die Behandlung und entspannen sichtbar.

Unsere eigenen Vierbeiner schauen den regelmäßigen prophylaktischen Behandlungen freudig wiehernd entgegen, wenn der silberne Koffer mit dem Therz-Matrix-Gerät aus der Sattelkammer kommt.

EINSATZMÖGLICHKEITEN DES THERZ-MATRIX-GERÄTES

- Muskelverspannungen, Muskelverhärtungen, Muskelverkürzungen
- Sehnenprobleme, Sehnenerkrankungen
- Rückenverspannungen, Satteldruck
- Nackenschmerzen
- Wundheilungsstörungen
- Narben
- Faszienverklebungen, -verhärtungen
- Verbesserung der Elastizität und Verformbarkeit der Bindegewebe
- Gelenkprobleme
- Prophylaktische, vorbeugende Anwendungen
- In der Rehabilitation spezifischer Krankheitsbilder
- In Abstimmung mit dem Tierarzt nach Operationen

SCHRÖPFEN

Schröpfen ist eine jahrtausendealte Behandlungsmethode, die schon im alten China bekannt war und in der traditionellen chinesischen Medizin (TCM) angewandt wurde. Ob das Schröpfen zu der Zeit bereits bei Tieren durchgeführt wurde, lässt sich nicht zurückverfolgen. Die Anwendung der Akupunktur zu jener Zeit ist dagegen nachgewiesen.

Schröpfen ist eine sehr alte Behandlungsmethode, die auch beim Pferd angewendet werden kann.

METHODEN

Grundsätzlich unterscheidet man zwei Arten des Schröpfens: das blutige und das unblutige Schröpfen. Das blutige Schröpfen wird bei der Behandlung von Menschen durchgeführt, indem das Gewebe mit Hilfe des Schröpfglases angesaugt und anschließend vom Therapeuten mit einer skalpellähnlichen Klinge angeritzt wird, sodass es zu einem minimalen Aderlass kommt. Bei Pferden ist mir diese Vorgehensweise nicht bekannt. Aus tierschutzrechtlichen ebenso wie aus hygienischen Gründen wird das blutige Schröpfen am DIPO weder angewandt noch gelehrt. Das unblutige Schröpfen beim Pferd hat sich dagegen als sehr effektiv erwiesen. Die ersten Erfahrungen wurden mit einem Gerät gesammelt, das per Handpumpe, die über einen Schlauch mit dem Schröpfglas verbunden ist, die Luft aus diesem herauszieht. Das Schröpfglas besteht aus durchsichtigem Kunststoff. Es wird auf das Pferdefell aufgesetzt, zur besseren Haftung bestreicht man das zu behandelnde Areal vorher mit Kontaktgel. Durch das Pumpen entsteht ein Unterdruck im Glas, der das Gewebe (Haut, Unterhaut, Faszien, Bindegewebe) sichtbar in das Schröpfglas hineinzieht und dadurch eine tiefgehende Dehnung der oben genannten Gewebe erzielt. Für den Anwender ist das Schröpfen mit dem Handgerät jedoch anstrengend, das ständige Pumpen belastet die Unterarmmuskeln und Sehnen. Verfügt das Pferd gar noch über Winterfell, ist die Adhäsion des Schröpfglases besonders problematisch, oftmals kommt es trotz Kontaktgel zu keinerlei Haftung am Fell. Die bisher effektivste Wirkung wurde mit einem Gerät erzielt, das unter dem Namen

Das Schröpfgerät

Ein Sortiment Schröpfgläser

01

C-ITRONE bekannt ist. Hier wird mit Hilfe eines Elektromotors, der ebenfalls über einen Schlauch mit dem Schröpfglas verbunden ist, der Unterdruck im Glas erzeugt. Das ist sehr entlastend für den Therapeuten/Anwender, weil kein körperlicher Einsatz erforderlich ist. Im Gegensatz zum Handgerät, das nur mit einem Schröpfglas ausgestattet ist, wird das Elektrogerät mit einem Sortiment mundgeblasener Gläser in unterschiedlichen Größen geliefert. So kann man für die Hinterbacken- und Rückenmuskulatur ein entsprechend großes, für den Brustbeinbereich ein mittleres und für die Sehnen an den Vorder- und Hinterbeinen ein kleines Schröpfglas einsetzen. Mit Hilfe des Motors wird die Luft so intensiv aus dem Schröpfglas gezogen, dass sich der Rand des Glases fest an das Pferdefell saugt. Das Gewebe wird dabei durchaus 3 bis 4 cm hoch in das Schröpfglas gezogen, bei verspannten und verklebten Körperarealen kommt es zunächst nur zu einer leichten Wölbung im Glas.

Das Ansaugen des Gewebes erfolgt in Intervallen, wobei Haut, Unterhaut, Faszien und das Bindegewebe mit Zellen, Nerven, Kapillaren, kollagenen und elastischen Fasern in das Schröpfglas gezogen werden. Hierbei wird nicht nur das Gewebe erfasst, welches direkt unter dem Glas liegt, sondern auch die Nachbarareale. In der Regel ist deutlich zu sehen, wie die Haut faltenartig in Richtung Glas gezogen wird.

In diesem Zusammenhang sei der Blick noch einmal auf die Faszien gerichtet (siehe auch S. 56 ff.). Faszien gehören zum Bindegewebe und dieses verbindet (wie der Name sagt) Gewebe miteinander. Sehr anschaulich hat Prof. Hans Geyer am Tierspital in Zürich im Rahmen einer Fortbildung für Tierphysiotherapeuten die unterschiedlichen Faszienlagen dargestellt: Dabei konnten wir an einem Präparat die oberflächlichen und die tiefen Faszien in die Hand nehmen und die unterschiedlichen Spannungen der sehr straffen wie auch der äußerst dehnbaren Faszien fühlen.

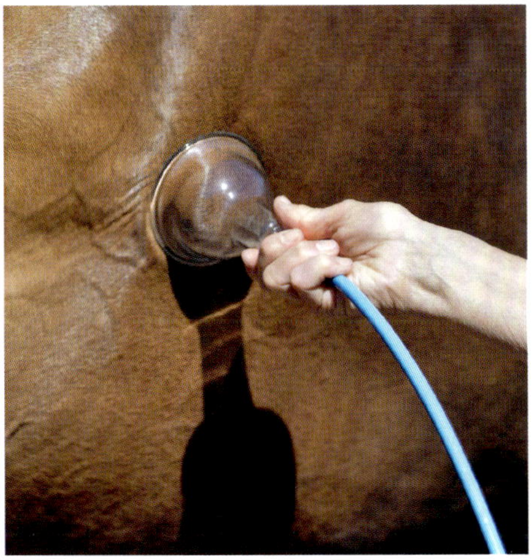

02

01 *Deutlich sichtbar wird auch das umgebende Gewebe in Richtung Schröpfglas gezogen.*

02 *Durch das Fell ist beim Pferd nicht zu erkennen, ob es zu Hautreaktionen kommt.*

ANWENDUNG

Ein Blick in den Muskel verdeutlicht die Ansammlung der unterschiedlichen „Bausteine" des Gewebes, gleichgültig, ob es sich um Muskel-, Faszien-, Bindegewebe, Sehnen o. ä. handelt. Je nach Gewebeart finden sich mehr elastische oder kollagene Fasern, mehr oder weniger Kapillaren, Lymphgefäße oder Zellen in der Grundsubstanz.
Die großen Blutgefäße des Körpers verzweigen sich in immer kleinere, sie werden Haargefäße oder Kapillaren genannt. Die Kapillaren transportieren das sauerstoffreiche Blut und gießen dessen kleinste Bestandteile regelrecht in das Gewebe, aus dem die Zelle über ihre halbdurchlässigen (semipermeablen) Membranen die für sie wichtigen Nährstoffe einsaugt. Nachdem die Stoffwechselprozesse in der Zelle erfolgt sind, schwemmt diese den „Stoffwechselmüll" über die semipermeable

Der Schröpfvorgang wird in der Regel gut toleriert. Bei Pferden, die wiederholt geschröpft werden, hat man den Eindruck, dass sie es genießen. Wird das Schröpfen erstmalig angewendet, sollte das Glas zunächst an einer Körperstelle aufgesetzt werden, die locker ist, damit dem Pferd ein angenehmes Gefühl vermittelt wird. Anschließend kann man dann zu den verspannteren Körperbereichen vorschreiten. Wendet man das Schröpfen am menschlichen Körper an, kommt es häufig zu Rötungen der Haut. Gelegentlich berichten Patienten von muskelkaterähnlichen Schmerzen am Tag nach der Behandlung. Da man bei Pferden (bedingt durch das Fell) diese Reaktionen nicht feststellen kann, wird empfohlen, dass das Pferd zumindest am Tag nach der ersten Schröpfbehandlung nicht geritten oder gearbeitet wird. Wie nach einer osteopathischen Behandlung sollte sich das Pferd aber auf der Wiese, einem großen Paddock oder in der Reithalle frei bewegen dürfen und nicht in der Box eingesperrt bleiben.

Zu Beginn der Behandlung ist oft nur eine leichte Wölbung des Gewebes in das Glas zu sehen.

Membran wieder in das Gewebe. Daraus saugen die venösen Kapillaren sowie die Lymphgefäße den „Müll" auf und transportieren ihn aus dem Gewebe ab.
Dieser Mechanismus funktioniert nur dann einwandfrei, wenn das Gewebe über eine gute Mobilität und genügende Durchsäftung (Flüssigkeit) verfügt. Ebenso wichtig ist auch die Qualität der zu verstoffwechselnden Bestandteile, die über die Ernährung zugeführt werden. Eine individuell angepasste Fütterung ist für den Erfolg einer jeden Behandlung also ebenso Grundvoraussetzung wie die Qualität des Wassers, das in genügender Menge zur Verfügung stehen muss.

MYOGELOSE

Erinnern wir uns: In dem Begriff Myogelose findet sich das griechische Wort „mys" (Muskel) und „gel" wie (Haar)gel, also etwas Klebriges. Myogelose besagt also nichts anderes, als dass das Gewebe verklebt ist, die Nährstoffe darin nicht mehr hin- und herfließen können und die Ansammlung der Stoffwechselendprodukte als „Müll" im Gewebe verbleibt. Dort kommt es dann über kurz oder lang zur Übersäuerung. Auslöser hierfür können wie bereits beschrieben (s. Seite 10 ff.) Satteldruck, Stürze, heftige Blutergüsse, Verletzungen von Knochen, Bändern, Gelenken oder Muskeln, Operationen, Tritte, fehlerhafte Reitweisen, Gurtdruck usw. sein.

NARBEN

Bei der osteopathischen Untersuchung fallen häufig Narben z. B. im Hals- oder Brustbereich des Pferdepatienten auf. Versucht man mit der Hand an diese Stellen zu greifen und das Gewebe abzuheben, spürt man einen erhöhten Widerstand. Bei derartigen Narben, Hauteinziehungen usw. handelt es sich häufig um alte Tritt- oder Bissverletzungen, die unbedingt mobilisiert werden sollten. Auch hier kann das Schröpfgerät sehr effektiv eingesetzt werden.

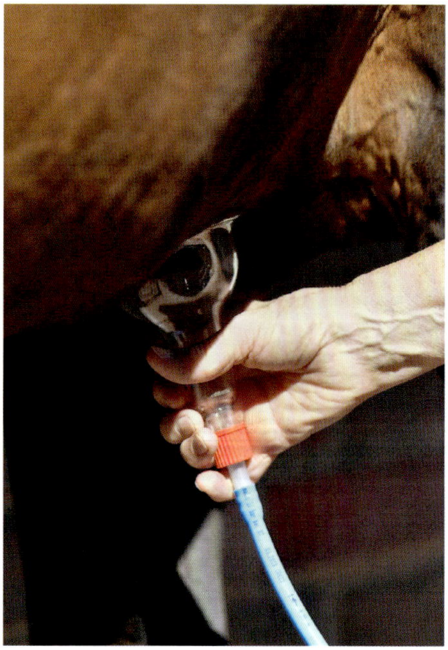

Festigkeiten und Empfindlichkeiten der Brustmuskulatur im Bereich der Gurtlage sind Indikationen für eine Schröpfbehandlung.

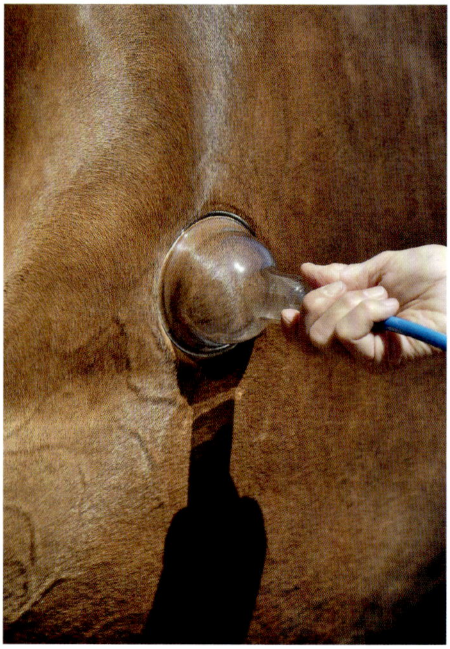

Wird das Gewebe lockerer, wölbt es sich deutlich stärker in das Schröpfglas. Auch die benachbarten Strukturen werden verstärkt hineingezogen.

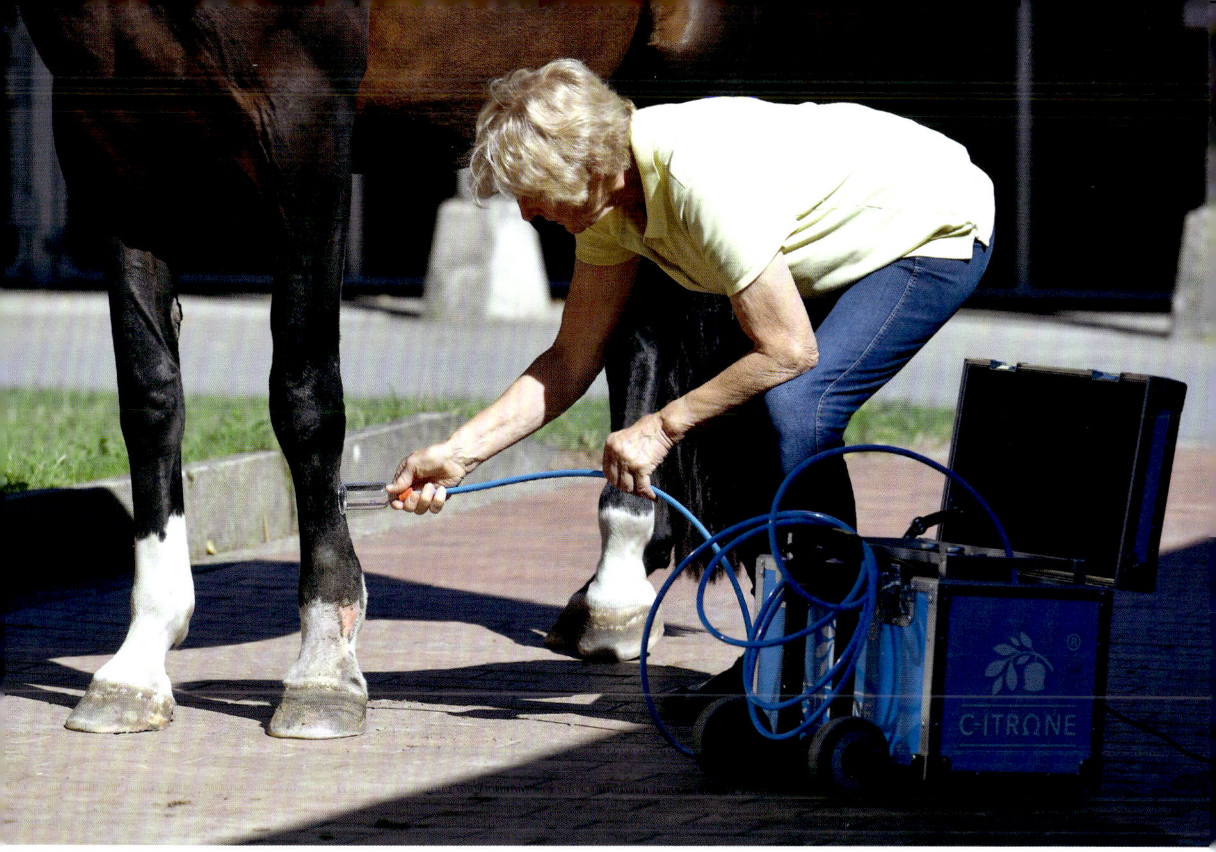

Ein kleines Schröpfglas wird bei Behandlungen der Beine verwendet.

INDIKATIONEN FÜR DAS SCHRÖPFEN

Die Anwendung des Schröpfens ist gerade auch in Verbindung mit einer osteo- oder physiotherapeutischen Behandlung hochwirksam. Dies gilt bei den bereits beschriebenen Befunden, aber auch bei:

- Festigkeiten/Verkrampfungen der Hinterhand- oder Rückenmuskulatur
- Verspannungen der Armkopfmuskulatur
- schmerzhaften Verspannungen der Brustmuskulatur und ihrem Ansatz an der Innenseite des Oberarms
- Überempfindlichkeiten im Bereich der Gurtlage und des Brustbeins durch zu fest geschnallte und fehlerhaft verlaufende Sattelgurte
- Druck- und Schmerzzeichen am Widerrist oder der Bauchmuskulatur
- Satteldruck
- Verletzungen, die auch mit Lymphstau kombiniert sind.

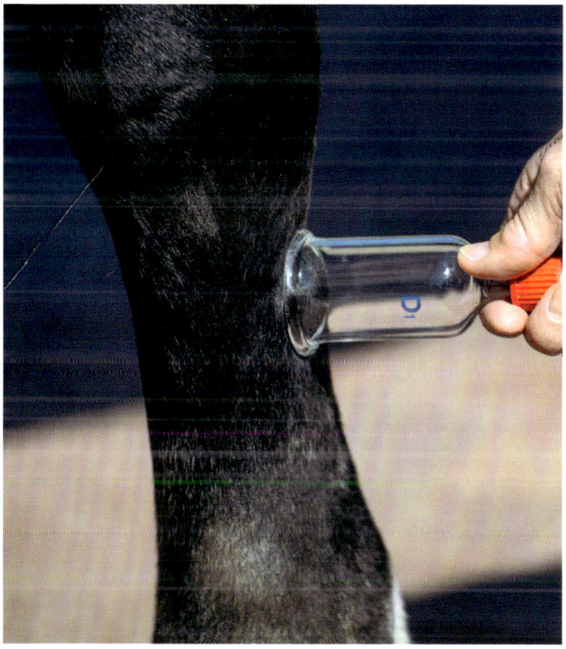

Das Schröpfen ist auch hilfreich beim Abbau von Lymphstauungen. In empfindlichen Bereichen sollte man bei der Anwendung mit Bedacht vorgehen.

KONTRAINDIKATIONEN
Es gibt natürlich auch Ereignisse, bei denen das Schröpfen eine Gegenanzeige darstellt. Dazu gehören:
- frische oder nicht verheilte Operationsnähte
- frische Frakturen
- akute Entzündungen
- Melanome und Tumore
- Anwendung im Urogenitalbereich.

Nur bedingt sollte im Kopf- und Genickbereich geschröpft werden, es sei denn, das Pferd kennt und genießt die Behandlung und diese wird von einem erfahrenen Therapeuten durchgeführt. Sollte das Pferd dennoch plötzlich mit dem Kopf schlagen oder in starke Unruhe verfallen, kann man das Schröpfglas mit der Hand vom Pferdekörper abziehen.

DIE BEHANDLUNG

Bisher gibt es für die Anwendung des Schröpfens bei Pferden keine Einschränkungen auf einen bestimmten Anwenderkreis. Jeder kann also mit dem Gerät arbeiten. Aus therapeutischer Sicht und um das Gerät spezifisch einsetzen zu können, wird jedoch ein Anwenderseminar empfohlen und/oder die Instruktion durch einen erfahrenen Therapeuten.
Grundsätzlich sollte die Behandlung an einem ruhigen Ort stattfinden, z. B. auf einer ruhigen Stallgasse oder der Putz- oder Waschbox, sodass das Pferd nicht übermäßig ausweichen kann. Der Koffer mit den Schröpfgläsern sollte auf jeden Fall so sicher platziert werden, dass das Pferd nicht hineintreten kann. Das Gerät selber sollte waagerecht auf ebenem, festen Boden stehen. Sicherheitshalber kann es auch in eine leere Pferdebox gestellt werden, wenn diese nahe am Behandlungsplatz

Gewöhnen Sie das Pferd zunächst an den Kontakt mit dem Glas.

Pferde genießen das Schröpfen, wenn sie die wohltuende Dehnung des Gewebes spüren.

liegt. Der Schlauch, der vom Schröpfglas zum Gerät führt, ist drei Meter lang, er reicht durch die Öffnung für den Futtertrog oder das Trenngitter.
Die Umgebungstemperatur sollte im Bereich von plus 5 Grad Celsius bis plus 30 Grad Celsius liegen. Die Empfehlung der durchschnittlichen Druckeinstellung für den Halsbereich wird mit 0,2 bar angegeben, im Beckenbereich kann sie bei Bedarf auf 0,7 bar gesteigert werden. Das Gerät kann so eingestellt werden, dass der Schröpfvorgang dauerhaft oder als Intervall erfolgt. In der Praxis hat sich die Intervalleinstellung bewährt, sie wird von den Pferden sehr gut toleriert, weil sie nach einigen Sekunden der Gewebedehnung immer wieder die Entspannung fühlen.
Vor dem ersten Einschalten des Geräts sollte man mit dem Schröpfglas am Hals des Pferdes entlangfahren, um es an den Kontakt zu gewöhnen. Das Gerät schaltet man erst ein, wenn das Glas wieder entfernt wurde. Auch sollte man warten, bis das Pferd sowohl die Geräusche des Motors als auch die Pumpgeräusche akzeptiert. Erst danach beginnt man mit der eigentlichen Behandlung.
Hilfreich und beruhigend für das Pferd ist es auch, wenn es zunächst von einer vertrauten Person am Strick gehalten wird. Pferde, die das Schröpfen kennen und genießen, können auch angebunden behandelt werden.
Zu Beginn setzt man das Schröpfglas zunächst an einer Stelle des Pferdekörpers an, die keine Verspannung aufweist und an der das Pferd die Handlung auch sehen kann. Danach geht man langsam zu den behandlungsnotwendigen Bereichen. Häufig ist zu beobachten, dass das Pferd sich interessiert zu dem Schröpfglas umschaut, denn es spürt die Dehnung des Gewebes. Das sollte auch nicht unterbunden werden, denn es gibt dem Pferd Vertrauen und fördert die Akzeptanz für diese Behandlung.
Auch bei meinen osteopathischen Handgriffen lasse ich zu, dass mir die Pferde interessiert auf die Hände schauen.

AKUPRESSUR

Bei der Akupressur handelt es sich um die Stimulation von Akupunkturpunkten durch sanften Druck, ohne Nadeln. Mit dieser Heilmethode kann ein Reiter oder Besitzer sein Pferd erfolgreich im energetischen Bereich unterstützen und damit zu seiner Gesunderhaltung und auch zur Heilung von gestörten Funktionen in Körper und Geist beitragen. Die sanfte Massage bestimmter Punkte des Körpers findet im Idealfall in ruhiger Umgebung statt. Der Therapeut verschiebt mit seinem Finger die Haut über dem jeweiligen Punkt in langsamer, kreisender Bewegung, ca. eine Minute lang. Auch ganze Energiebahnen kann man akupressieren. Entsprechend der Lehre der Traditionellen Chinesischen Medizin wird durch die Stimulation der Fluss der Lebensenergie in den Meridianen beeinflusst. Die Akupressur ist – wie auch die Akupunktur – ein Bestandteil der Traditionellen Chinesischen Medizin (TCM). Sie basiert somit auf den jahrtausendealten Erkenntnissen, welche im östlichen Lebensraum durch genaue Beobachtungen von Zusammenhängen gewonnen wurden. Für den Einsteiger mag sich dieses Gebiet zunächst als ein unübersichtliches und ungewohntes Thema darstellen, aber wenn man sich darauf einlässt, eröffnet sich dem interessierten Pferdebesitzer eine neue Welt!
Man mag damit beginnen, bei sich selber festzustellen, dass man zum Beispiel mit der Akupressur der Meridianpunkte Dickdarm 4 und Dickdarm 20 sowie von Yintang – einem traditionellen chinesischen Extrapunkt zwischen den Augenbrauen – eine beginnende Erkältung oder Kopfschmerzen eindämmen kann. Einem Pferd mit verschleimter Lunge

Magen 40

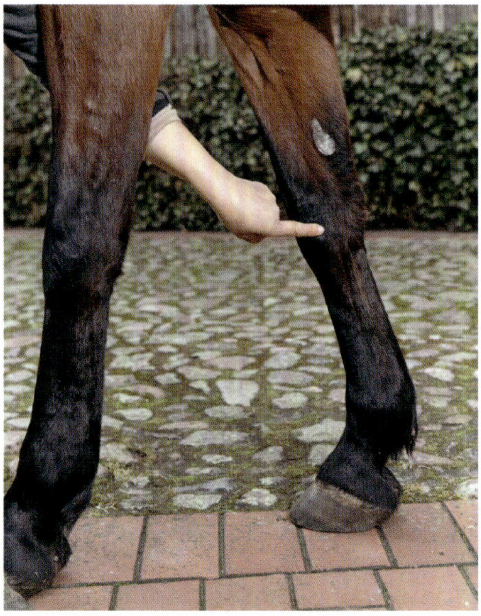

Lunge 9

Pferde lassen sich gemäß der 5-Elemente-Lehre in verschiedene Typen einteilen.

hilft man über die Akupressur von Magen 40 und Lunge 9, dass sich der Schleim besser löst. Dies sind sozusagen „Rezepte", derer man sich bedienen kann, um empirisch gut wirksame Punkte in bestimmten Situationen zu nutzen.

Um den nächsten Schritt hin zu einer ganzheitlichen, individuell auf den Patienten abgestimmten Punkteauswahl zu gehen, kommt man nicht umhin, sich eingehend mit der Philosophie der TCM auseinanderzusetzen; erst dann wird man lernen, wie man die Symptome seines Pferdes gemäß dieser Lehre (mit der eigenen Logik) einordnen kann. So lässt sich eine „östliche" Diagnose (z. B. „Milz Qi Leere", „aufsteigendes Leber Yang", „Qi Stagnation im Blasenmeridian" u. ä.) stellen, welche unabdingbar ist für eine ursächliche Akupressur, weg vom reinen „Rezept", hin zur Behandlung der zugrundeliegenden Ursache. Die Therapie wird dadurch noch effektiver. Der Therapeut bringt das Qi – die Lebensenergie – wieder zum harmonischen Fließen, was bedeutet, dass man Verspannungen löst, Schmerzen stillt und die Selbstheilungskräfte des Organismus fördert. Auch die Psyche kann bei Verhaltensauffälligkeiten positiv beeinflusst werden. Gesundheit ist letztlich ein Zustand, in dem sich Körper, Geist sowie die unmittelbare Umgebung miteinander in einem Gleichgewicht befinden – erkrankt das Pferd, so entstehen Ungleichgewichte. Die Stimulation geeigneter Akupressurpunkte kann die Balance wieder herstellen. Ich empfehle nach einer therapeutischen Behandlung eine Strukturbehandlung, oder ich zeige dem Besitzer entsprechende Akupressurpunkte, mit denen er den Energiefluss aktiviert.

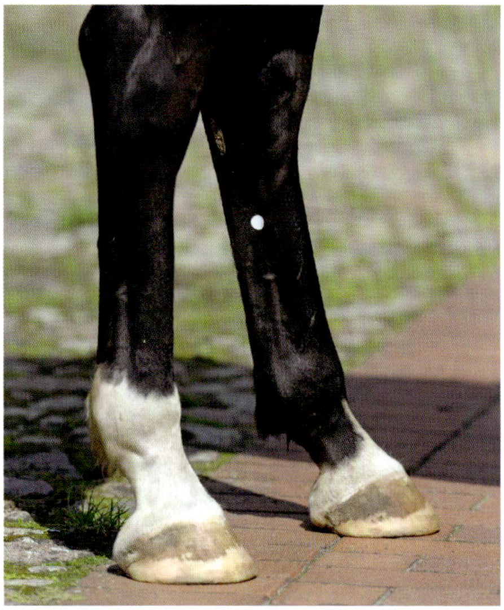

Akupressur des Punktes Le3 hilft bei Muskelverspannungen und Sehnenproblemen.

TYPUNTERSTÜTZENDE AKUPRESSUR

Hilfreich ist die typunterstützende Akupressur. Um diese anzuwenden, ist es notwendig, das Pferd entsprechend der „5-Elemente-Lehre" einem bestimmten Typ zuzuordnen. Dies ist kein einfaches Unterfangen, dennoch will ich Ihnen einige kurzgefasste Beispiele an die Hand geben:

Der Pi (Milz)-Typ:
Der Pi-Typ ist ein freundliches, braves, etwas phlegmatisches Pferd mit Neigung zu Übergewicht, Ödembildung und angelaufenen Beinen. Ihn kann man über die Akupressur des Punktes Milz-Pankreas 6 zeitlebens unterstützen.

Der Gan (Leber)-Typ:
Dem selbstbewussten, mutigen, ranghohen, launischen Gan (Leber)-Typ (Element Holz) mit Neigung zu Muskelverspannungen, Sehnenproblemen und Bindehautentzündungen, wird vermutlich die Stimulation des Punktes Leber 3 helfen.

Der Xin (Herz)-Typ:
Der Herz-Typ ist kernig, extrovertiert und lernt gerne Schaustückchen. Er hat aber auch eine Neigung zur Hysterie. Er benötigt viel Zuwendung und ein ruhiges Erziehungstraining. Man sollte Situationen meiden, in denen das Pferd panisch reagiert, denn das kann für Pferd und Reiter gefährlich werden. Herz 7 (in der Theorie) ist ein typenunterstützender Punkt, hilft in der Praxis aber nicht gegen gefährliche psychische Überreaktionen.

Der Fei (Lungen)-Typ:
Der Fei-Typ verfügt über einen unauffälligen Körperbau mit wenig Muskulatur. Seine Schleimhäute sind weißlich-rosa und eher trocken. Er ist ausgeglichen und arbeitsfreudig. Bei Überforderung lässt seine Arbeitsbereitschaft nicht nach, sondern er reagiert eher mit Haut- oder Atemwegsproblemen, Allergien oder Magen-Darm-Problemen. Er neigt zu Steifheit und Kurzatmigkeit. Lu7 unterstützt seinen Typ.

Der Shen (Nieren)-Typ:
Der Nieren-Typ reagiert schon ängstlich, wenn man seine Zunge aus dem Maul ziehen will. Er ist kälteempfindlich, infektanfällig und neigt zu Knochenproblemen. Vom Wesen her ist der Shen-Typ sensibel, ihm fehlt Selbstvertrauen. Er lernt schnell, bringt neu Gelerntes aber leicht durcheinander. In der Herde ist er rangniedrig. Ist das Vertrauensverhältnis zwischen Pferd und Reiter gut, tritt die Ängstlichkeit in den Hintergrund und der Nieren-Typ schließt sich eng an seinen Menschen an. Der unterstützende Punkt für ihn ist Niere 3.

Auf diese Weise kann man die jeweiligen Stärken eines Pferdetyps fördern, die Schwächen abmildern und seinen Erkrankungsneigungen vorbeugen. Pferde sprechen sehr gut auf Akupressur an. Meist zeigen sie während der Behandlung Entspannungszeichen, lassen den Kopf sinken und genießen es sichtlich.

DER YIN-YANG-AUSGLEICH

Ist ein Pferd vor oder zu Beginn der Behandlung sehr aufgeregt, kann man zunächst den beruhigend wirkenden Yin-Yang-Ausgleich anwenden. Er beinhaltet die Stimulierung von drei Punkten am Kopf des Pferdes. Denken Sie daran: Das Blickfeld des Pferdes ist aufgrund der seitlich angeordneten Augen eingeschränkt. Treten Sie nicht mittig auf das Pferd zu, sondern von der Seite, und sprechen Sie es dabei freundlich an.

1. Punkt: Renzhong

Zunächst wird der Punkt Renzhong akupressiert. Er liegt an der Nasenspitze auf der Verbindungslinie der unteren Nüsternbegrenzung. Legen Sie Mittel- oder Zeigefinger mit leichtem Druck auf den Punkt, den Druck beibehaltend kreisen Sie an Ort und Stelle 30 Sekunden.

2. Punkt: Yintang

Yintang wird im Anschluss stimuliert. Dieser Akupressurpunkt liegt auf der Stirn, oberhalb des Stirnwirbels, auf dem Schnittpunkt der Diagonalen von den Augen zu den gegenüberliegenden Ohren. Akupressieren Sie hier in gleicher Weise wie bei Renzhong, allerdings 60 Sekunden lang.

3. Punkt: Chengyang

Chengyang liegt in der Mitte am oberen Rand der Unterlippe. Er wird 30 Sekunden massiert/akupressiert.

Diese Punkte wirken beruhigend. Sie können sehr gut stimuliert werden, wenn das Pferd aufgeregt ist, in fremder Umgebung, auf dem Turnier oder beim Tierarzt.

Beim Yin-Yang-Ausgleich werden die drei abgebildeten Punkte akupressiert.

DER KOPF

— *aus osteotherapeutischer Sicht*

DIE ZÄHNE

Der Kopf des Pferdes ist, ebenso wie der des Menschen, dicht von Nerven, Blutgefäßen und Lymphbahnen durch- und überzogen, die oft eng zwischen der Muskulatur, den Kiefergelenken, der Halswirbelsäule und dem Zungenbein verlaufen. Schon durch kleine Abweichungen oder Entzündungen im Kopfbereich kann es zu massiven Schmerzen kommen. Immer wieder werden bei osteotherapeutischen Behandlungen Einkerbungen, Narben, Verformungen am Unterkiefer oder Schädel, Faszien- und Muskelverklebungen festgestellt. Sie lassen vermuten, dass es sich dabei um alte Schlag-, Tritt- oder Sturzverletzungen handelt, die sich das Pferd zum Beispiel in der Herde zugezogen hat.
Daher widmen wir der Untersuchung des Kopfes, der Kiefergelenke und des Zungenbeins mit seinen Faszien- und Muskelverbindungen besondere Aufmerksamkeit. Viele äußere Zeichen kann der Reiter oder Besitzer selber feststellen, weswegen dieses Kapitel ausführlich ist.
Auch das Thema Zahnhygiene beim Pferd ist keineswegs eine Entdeckung der Neuzeit. Bereits 1859, also vor über 150 Jahren, haben der Direktor der königlichen Tierarzneischule zu Hannover, Friedrich Günther und sein Bruder Karl, ihrem Lehrbuch einen umfangreichen und höchst aufschlussreichen Anhang beigefügt: „Über die Lehre von den gesunden und kranken Zähnen“.

Zahnprobleme verursachen Rittigkeitsprobleme.

Die Gesundheit der Zähne und des Kiefergelenks haben Einfluss auf den gesamten Pferdekörper.

Auch in den Gestüten war es schon in den zwanziger und dreißiger Jahren des letzten Jahrhunderts gang und gäbe, den Pferden die Zähne untersuchen und behandeln zu lassen. Ein Pionier auf diesem Gebiet war Professor Erwin Becker in Berlin. Er hatte über 30 000 Pferde untersucht und statistisch nachgewiesen, dass 75 bis 78 Prozent an Verletzungen der Backen- und Zungenschleimhaut bzw. der Maulhöhle litten, was wegen des eingeschränkten Kauvorgangs zu Magen- und Darmproblemen führte.

Auch wissen wir aus der Humanmedizin, dass Entzündungen der Zahnwurzel, Karies, Fisteln, impaktierte (eingeklemmte) Zähne usw. zu Kopfschmerzen, Migräne oder gar Trigeminusneuralgien (starken Gesichtsschmerzen) führen können. Das ist bei Pferden nicht anders. So kann die Ursache von manchem Headshaking, „Ausspucken" des Gebisses, plötzliches Blockieren, Hochreißen des Kopfes, Wegstürmen und dergleichen durchaus an Problemen der Zähne oder Maulhöhle liegen.

DAS GEBISS DES PFERDES

Als Reiter sollte man zunächst wissen, dass ein Fohlen mit Milchzähnen geboren wird. In den ersten Tagen sind sie noch von einer Schleimhaut bedeckt. Im Verlauf der ersten vier bis sechs Tage stoßen die Zangen – das sind die ersten beiden Milch-Schneidezähne im Unter- und Oberkiefer – durch. Nach ca. sechs Wochen kommen die Milch-Mittelzähne rechts und links daneben zum Vorschein, nach etwa sechs Monaten treten die wiederum rechts und links danebenliegenden Milch-Eckschneidezähne durch.

Zwischen den Schneidezähnen und den vorderen Backenzähnen befindet sich ein etwa handbreiter freier Raum, in dem das Trensen- und Kandarengebiss zu liegen kommt. Bei Hengsten und Wallachen kommen mit etwa vier bis viereinhalb Jahren in dieser Region die Hakenzähne durch. Sie sind aber so angelegt, dass sie nicht von der Lage des Gebisses gestört werden, vorausgesetzt, dieses wurde richtig angepasst.

Auch die ersten drei Backenzähne im Ober- und Unterkiefer des Pferdes sind Milchzähne. Dahinter treten jeweils drei bleibende Backenzähne hervor. Mit einem Jahr kommt der erste, mit zwei Jahren der zweite und mit vier bis viereinhalb Jahren der dritte bleibende Backenzahn durch, zusammen mit den Hakenzähnen.

DER ZAHNWECHSEL

Mit zweieinhalb Jahren wechseln die Zangen und die ersten beiden Backenzähne. In der Regel beginnt der Zahnwechsel im Unterkiefer. Im Oberkiefer folgt der Wechsel ein halbes Jahr später. Mit dreieinhalb Jahren wechseln die Mittelzähne im Unterkiefer, gleichzeitig mit den dritten Milch-Backenzähnen. Wiederum ein halbes Jahr später erfolgt der Wechsel im Oberkiefer. Mit viereinhalb Jahren wechseln dann die Eckschneidezähne.

Als Faustregel gilt, dass der Zahnwechsel beim Pferd erst mit ca. fünf Jahren abgeschlossen ist. Zu diesem Zeitpunkt haben sich auch die Knochenfugen weitgehend geschlossen. Erst in diesem Alter könnte man also Pferde als „junge Erwachsene" bezeichnen. Viele reiterliche Anforderungen, die dem Pferd früher zugemutet werden, sind deshalb eher als „Kinderarbeit" zu bezeichnen.
Von unseren Kindern wissen wir, wie schmerzhaft das Durchwachsen der Zähne in der Mundhöhle sein kann. Sie sind weinerlich und unleidig. Junge Pferde haben sehr ähnliche Probleme. Wenn wir dies bemerken, können wir vielleicht gebisslos reiten oder auch mal mit Halsring, mindestens aber mit sehr locker geschnallter Trense und Kunststoffgebiss. Möglicherweise ist das Pferd noch dankbarer, wenn wir es ein paar Tage nur freilaufen lassen und ihm ansonsten ein großes Paddock oder eine Weide gönnen.

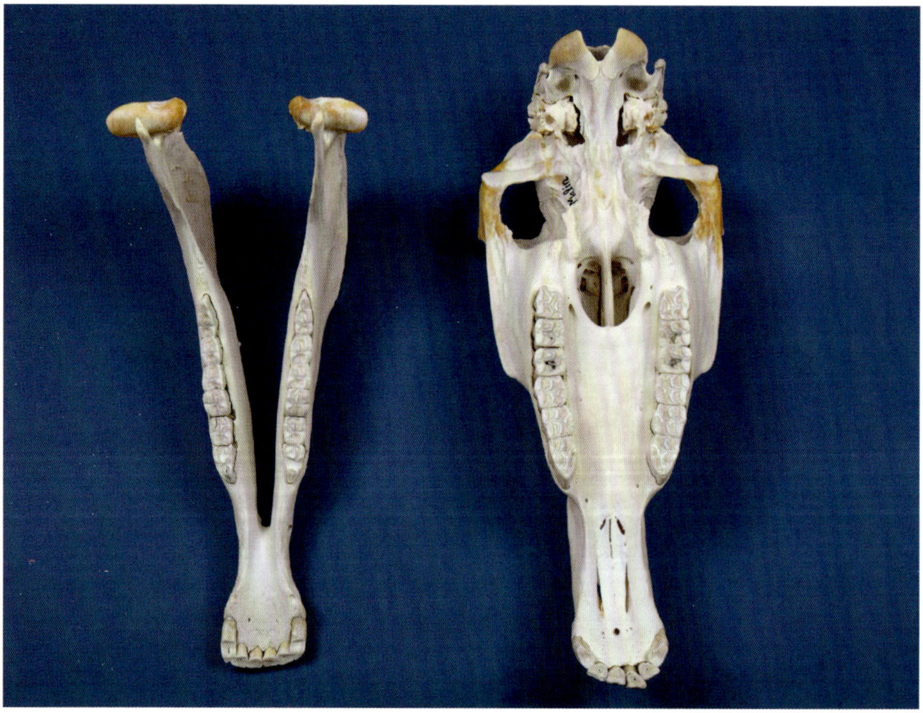

Gut zu erkennen: Der Oberkiefer (rechts) ist breiter als der Unterkiefer (links). Das ist sinnvoll, denn der Unterkiefer bewegt sich beim Kauen zur Seite und zermahlt dabei das Futter wie ein Mühlstein.

DER WOLFSZAHN

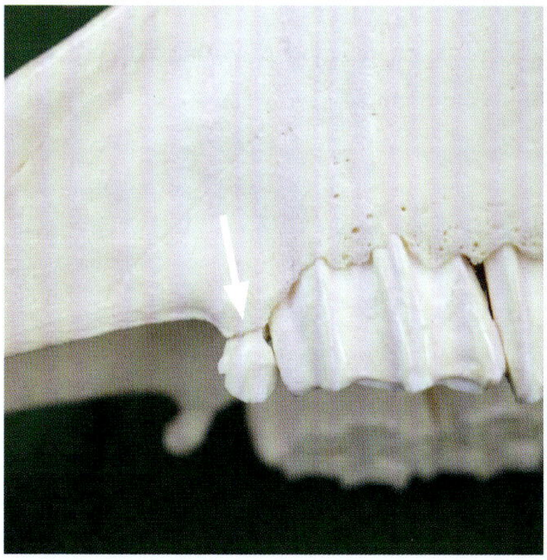

Nicht bei jedem Pferd treten Wolfszähne durch, aber immer wieder wird diskutiert, ob sie gezogen werden oder im Kiefer verbleiben sollen.

In der Regel sind Wolfszähne im Oberkiefer zu finden, nur selten treten sie im Unterkiefer auf. Als Argument zum Verbleiben des Zahns wird angeführt, dass das Trensengebiss auf der Unterkieferlade liegt und deshalb der Wolfszahn im Oberkiefer nicht gestört wird. Welcher Reiter kann aber garantieren, dass ihm nicht ein Handfehler unterläuft, bei dem das Gebiss dann doch nach oben schlägt, oder das Pferd sich erschreckt oder ausrutscht und den Kopf dabei hochnimmt, sodass das Gebiss schmerzhaft gegen den Wolfszahn schlägt? Aus diesem Grund ist das Extrahieren des Wolfszahns zu empfehlen, auch wenn es sich um einen sogenannten „blinden" Wolfszahn handelt, der von Haut bedeckt und deshalb nicht sichtbar ist.

ZAHNAUFBAU UND ZAHNVERANKERUNG

Es ist interessant, sich anzusehen, wie die Zähne aufgebaut sind. Sie bestehen aus vier unterschiedlichen Geweben:

Schmelz Härteste Zahnsubstanz, gleichzeitig spröde, kann nicht nachgebildet werden.

Zement Vorwiegend zellfreies Knochengewebe. Die Kunden (Schmelzeinstülpungen an den Schneidezähnen) und die Zahnwurzel werden von Zement umgeben. Zement in den Kunden wird nicht nachgebildet.

Dentin Elastisches Gewebe. Der größte Teil des Zahns besteht aus Dentin. Es wird aus der Pulpa gebildet.

Pulpa Sie befindet sich im Inneren des Hartzahns (Pulpahöhle) und liegt mitten im Dentin. Ihr Zentrum besteht aus Blutgefäßen, Nerven und Bindegewebe sowie Kollagen. Entsprechend vielfältig sind auch ihre Funktionen: ernährend, schützend, sensorisch-regenerativ. Zur Kaufläche hin ist sie geschlossen, zum Kieferknochen setzt sie sich in die Wurzelkanäle fort. Mit fortschreitendem Alter verkleinert sie sich. Es kommt zu vermehrtem Anlagern von Ersatzdentin.

DIE ZAHNOBERFLÄCHE

Schneide- und Backenzähne sind unterschiedlich in Form und Struktur ihrer Oberfläche. Die Kunden sind sichtbare Vertiefungen auf der Kaufläche. Die Schneidezähne weisen eine, die Backenzähne je zwei Einstülpungen auf. Diese Einstülpungen führen zu einem Nebeneinanderliegen des sehr harten, aber spröden Schmelzes und des weicheren Dentins und Zements. Durch den unterschiedlichen Abrieb der Substanzen kommt es einerseits zum „Selbstschärfeffekt", andererseits wird die Widerstandskraft gegen Druck- und Stoßkräfte beträchtlich erhöht. Kommt es zur Verletzung der Zahnoberfläche, sodass Bakterien oder andere Keime über die Pulpa eindringen können, oder zur Entzündung der Zahnwurzel, kann sich eine

Auch Pferde bekommen Kopfschmerzen! Ihre Arbeitsmotivation hält sich dann verständlicherweise in Grenzen.

hoch schmerzhafte Nervenentzündung, die Trigeminusneuralgie, entwickeln. Jede Verletzung oder Entzündung im Bereich der Zähne oder Maulhöhle kann zu fortgeleiteten Schmerzen in den Kopf oder in die Halswirbelsäule, aber auch zu Migräne oder Trigeminusneuralgie führen. Diese sind schwer zu diagnostizieren, aber man darf den Gedanken daran nicht verdrängen. Es handelt sich immer um erhebliche Schmerzen, unter denen das Pferd einfach keine Arbeitsmotivation aufbringen kann. Ein Pferd leidet auch, wenn das Trensen- und Kandarengebiss auf die Laden drückt, zu hoch und zu eng verschnallt ist, die Trensenringe ausgeschlagen und scharfkantig geworden sind oder das Gebiss selber zu dick, zu schwer oder zu scharf ist.

DIE VERANKERUNG DER ZÄHNE

Der größte Teil des Zahns liegt beim Pferd verdeckt im Kiefer. Nur etwa zwei Zentimeter der Zahnkrone ragen für uns erkennbar in die Maulhöhle, während die Zahnwurzel ca. sechs Zentimeter tief in den Zahnfächern (Alveolen) des Ober- und Unterkiefers verankert ist.
Die Zähne sind straff, aber mit einer gewissen Beweglichkeit im Kiefer verankert.

DIE MAULKONTROLLE

ZÄHNE

Die Überprüfung der Zähne sollte fester Bestandteil einer osteotherapeutischen Behandlung sein, soweit es dem Therapeuten möglich ist. Dazu gehört der Blick auf die Schneidezähne, bei denen leicht zu erkennen ist, ob ein Zahn verletzt ist oder Karies aufweist, was sich zum Beispiel durch dunkle Verfärbung des Zahns darstellt. Auch ein abgebrochener, herausgeschlagener oder verformt wachsender Schneidezahn kann leicht entdeckt werden, wenn man behutsam die Lippen des Pferdes auseinanderschiebt.

ACHTUNG KARIES!

Karies ist ein Zahnschmelzdefekt, der an allen Zähnen auftreten kann. Es handelt sich um einen fortschreitenden Zerfall aller drei Zahnhartsubstanzen mit chemischen Zerstörungsvorgängen unter bakterieller Beteiligung. Karies zeigt sich beim Pferd als braun-schwarz verfärbte Vertiefung im Zahnzement. Zu Beginn ist sie oft nur stecknadelkopfgroß. Ist die Karies bis in das Zahninnere vorgedrungen, muss der Zahn gezogen werden. Dafür muss das Pferd vom Tierarzt sediert werden. Die Zahnbehandlung sollte nur ein auf Pferdezähne spezialisierter Veterinärmediziner durchführen.

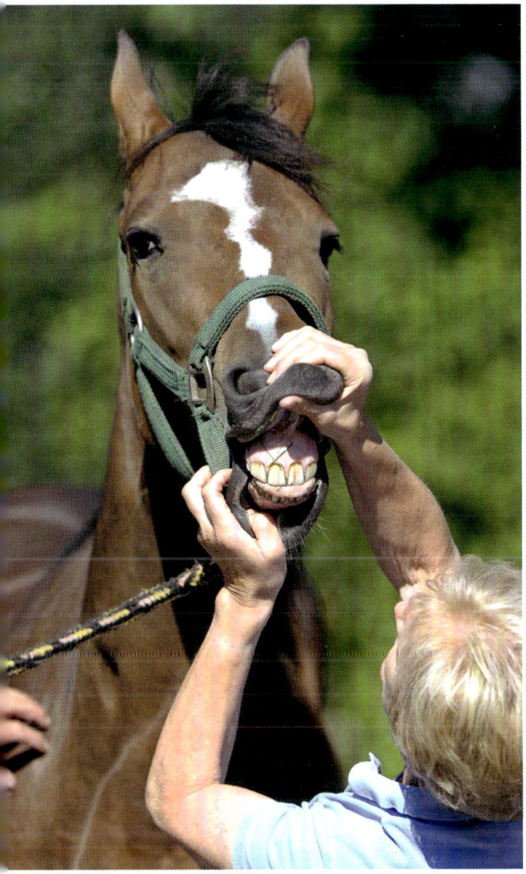

Die Überprüfung der Zähne sollte regelmäßig erfolgen!

Nicht selten haben Pferde Verletzungen an der Zunge, z. B. durch die Einwirkung eines scharfen Gebisses.

Zahnkappen

Bei jungen Pferden, die sich im Zahnwechsel befinden und beim Reiten maulig sind und dazu neigen, das Gebiss „auszuspucken“, sollte man die Zähne auf Zahnkappen hin überprüfen. Die Zahnkappen der Milchzähne können noch auf den von unten hochwachsenden bleibenden Zähnen sitzen und das Kauen behindern. Der Tierarzt kann sie in der Regel problemlos entfernen. Ein begleitendes Symptom sind auch sogenannte „Bumps“. Das sind Knochenwucherungen, die meistens im Unterkiefer festgestellt werden und die von außen gut gesichtet und getastet werden können. Abgestoßene Zahnkappen können auch von selbst herausfallen, jedoch sollte der Tierarzt in diesem Fall das Gebiss überprüfen.

GEBISSANOMALIEN

Ebenso kann festgestellt werden, ob das Pferd ein „Karpfengebiss“ aufweist. Hierbei ist der Unterkiefer kürzer als der Oberkiefer und die Schneidezähne weisen Gratbildungen an den lippenwärts gerichteten Kanten der Oberkieferschneidezähne auf. Werden diese nicht gekürzt, wird das Pferd Probleme beim Grasen bekommen, weil es die Halme nicht ungehindert abziehen kann.
Besondere Aufmerksamkeit gilt in diesem Fall auch dem Trensengebiss. Wenn der vordere Backenzahn im Oberkiefer durch diese Stellungsveränderung vorsteht, wird sich bei ihm eine Spitze entwickeln, weil dieser Teil des Zahns keinen Gegenbiss hat. Daher kann während des Reitens das Gebiss beim Kauen

GEBISSENTWICKLUNG

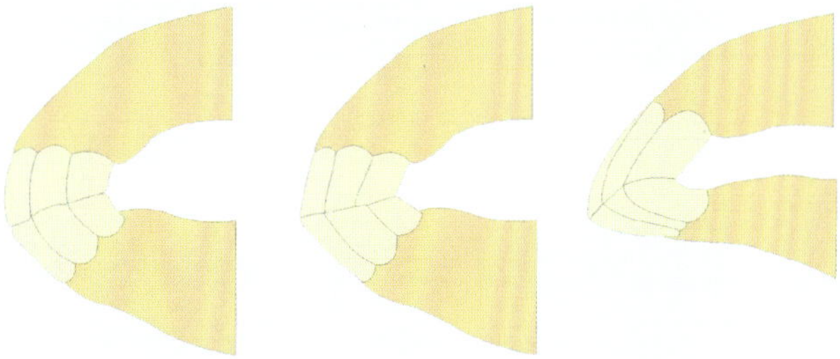

Im Laufe der Jahre verändert sich der Winkel der Schneidezähne.

Links:
Zangengebiss 5–8 Jahre

Mitte:
Halbzangengebiss 8–15 Jahre

Rechts:
Winkelgebiss über 15 Jahre

gegen diese Zähne stoßen und entsprechende Schmerzen verursachen. Umgekehrt verhält es sich beim „Hechtgebiss". Hier ist der Unterkiefer länger als der Oberkiefer. Pferde mit dieser Kieferform werden auch Überbeißer genannt. Zahnhaken bilden sich dann eher am vorderen Backenzahn im Unterkiefer und an den hinteren Backenzähnen des Oberkiefers. Für die Schneidezähne gilt dasselbe wie beim Karpfengebiss.
Bis zum achten Jahr wird das Schneidezahngebiss als Zangen- oder „Kundengebiss" bezeichnet, bis fünfzehn Jahre als halbes Zangengebiss oder „Kundenspurengebiss", und bei über fünfzehnjährigen Pferden wird es als Winkelgebiss oder „Kernspurengebiss" bezeichnet.

DIE ZUNGE

Auch die Zunge des Pferdes kann vorsichtig gegriffen und zur Seite aus dem Maul herausgeführt oder zwischen Ober- und Unterkiefer aufgestellt werden. Dabei treten immer wieder Defekte der Zunge zutage. Sei es, dass ein Stück herausgebissen wurde, Narben durch offensichtliche Gewalteinwirkung scharfer Gebisse festgestellt werden (sie haben fest verquollenes Gewebe zur Folge, das möglicherweise Dauerschmerzen der Zunge verursacht), Schnittverletzungen durch Draht o. ä.
Die oben genannten Griffe werden zur Überprüfung der Kieferladen und des Vorhandenseins von Wolfszähnen oder „blinden" (mit Haut bedeckten) Wolfszähnen angewendet sowie zur Überprüfung der Hengstzähne.

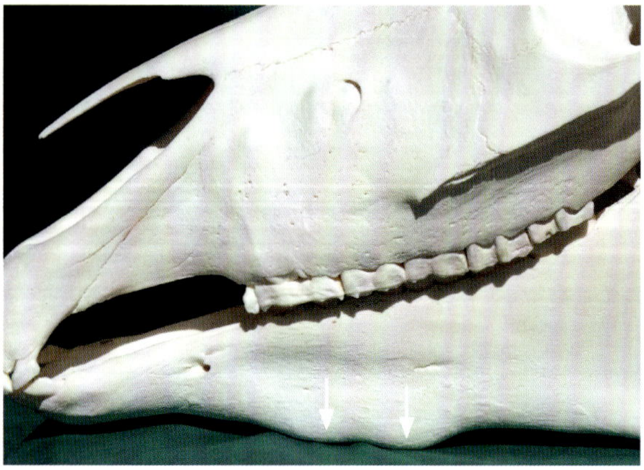

Die beiden „Wellen" am Unterkiefer sind von den bleibenden Zähnen, über denen sich noch die Milchzahnkappen befinden.

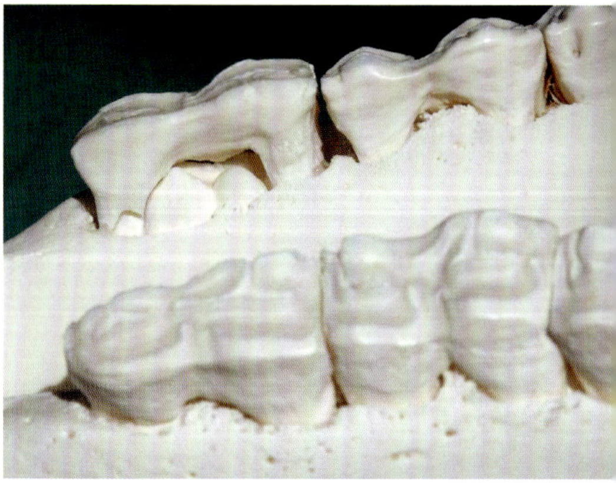

Auf der hinteren Zahnreihe sind deutlich Zahnkappen zu erkennen.

SCHLEIMHÄUTE

Gleichzeitig kann festgestellt werden, ob sich Haken oder Kanten auf den vorderen Backenzähnen befinden, ob sich Zahnstein angesiedelt hat oder ob die Maulschleimhäute Verletzungen oder Entzündungen aufweisen. Scharfe Kanten, gerade auf den hinteren Backenzähnen, können regelrechte Geschwüre verursachen, die beim Kauen immer wieder aufbrechen. Denn anders als beim Menschen vollzieht sich der Kauvorgang beim Pferd mit einem stärkeren seitlichen Ausschlag des Unterkiefers. Dadurch verletzt es sich bei jedem Kauen die Wangenschleimhaut aufs Neue. Aus eigener Erfahrung weiß man, wie schmerzhaft derartige Defekte im Mund sein können. Auch die Rittigkeit und das An-die-Hand-Herantreten des Pferdes werden durch Entzündungen in der Maulhöhle deutlich beeinträchtigt, weil sich das Pferd dabei immer wieder neue Schmerzen zufügt und deshalb alles andere als motiviert sein wird.

MAULGERUCH

Nicht wenige Pferde fallen durch Maulgeruch auf. Gehen Sie beim Auftrensen, Putzen oder Leckerli geben dicht an das Maul Ihres Pferdes heran und nehmen den Geruch aus seiner Maulhöhle wahr. Kommt Ihnen ein unangenehm fauliger Geruch entgegen, sollten Sie den Tierarzt zur Zahnkontrolle bestellen. Auch Heuwickel, die dem Pferd aus dem Maul fallen, sind ein Indiz für eine notwendig werdende Zahnbehandlung.

Scharfkantige Zähne können beim Kauen immer wieder aufs Neue Verletzungen an den Schleimhäuten verursachen.

DAS KIEFERGELENK

Das Kiefergelenk wird vom Kopf des Unterkiefers und der Gelenkgrube des Schläfenbeins gebildet, das unter anderem mit dem Oberkiefer verwachsen ist. Bei diesem Gelenk handelt es sich um ein inkongruentes (nicht übereinstimmendes) Walzengelenk, dessen Inkongruenz dadurch ausgeglichen wird, dass eine Faserknorpelscheibe (Diskus) eingelagert ist, die das Gelenk in zwei Abteilungen untergliedert. Durch diese Konstruktion wird ein großer Bewegungsumfang in alle Richtungen erreicht. Diese Bewegungen werden vom Unterkiefer ausgeführt, der deutlich schmaler ist als der Oberkiefer.

SO KAUT DAS PFERD

Der Schädel bleibt beim Kauen mehr oder weniger fixiert, während sich der Unterkiefer bewegt. Das ist jedoch nur möglich, wenn der Kopf durch die Halsmuskulatur gut stabilisiert wird. Kommt es zu Blockierungen in der Halswirbelsäule, wird sich diese über die Nerven-, Muskel- und Gefäßversorgung von der Halswirbelsäule zum Schädel auch als Bewegungseinschränkung auf die Kiefergelenke auswirken. Umgekehrt wird eine Entzündung oder Verletzung der Zahnwurzel (zum Beispiel Karies, Tritt eines Weidegenossen) über den gleichen Weg auch negative Auswirkungen auf das Genick und die Halswirbelsäule haben, weil der Kauvorgang schmerzhaft ist und der Bewegungsumfang eingeschränkt wird.

Das Kiefergelenk wird von der Basis des Jochbeinbogens gebildet und von dem Kopf des Unterkieferknochens. Die Knorpelscheibe (Diskus) ist hier nicht dargestellt.

Ein Pferd benötigt für jeden Bissen 30 bis 60 Kieferschläge, in einer Minute können 70 bis 80 Kieferschläge ausgeführt werden.
Die Speicheldrüsen, die in direkter Nachbarschaft zu den Kiefergelenken liegen, produzieren täglich durchschnittlich 40 Kilogramm Speichel.
Daher haben Einschränkungen in der Beweglichkeit der Kiefergelenke fatale Folgen, sowohl für die Speichelproduktion selbst, als auch für die Zerkleinerung der Nahrung, ihre Durchmischung mit Speichel und damit auch für die Verdauung. Kommt eine schlechte Futterqualität oder ein unpassendes Futtermittel dazu, wird das Pferd unmöglich eine gute Leistung bringen können. Im Gegenteil: Es wird energetisch und gesundheitlich Probleme entwickeln, die unter anderem als Muskel-, Haut- oder Magen-Darm-Erkrankungen zutage treten.
Es ist auch bekannt, dass Pferde, die dauerhaft mit einer hohen Kopf-Halshaltung gefüttert wurden, vermehrt Haken auf den Zähnen bildeten, bedingt durch die Rücklage des Unterkiefers. Dementsprechend sinnvoll ist es, Pferde auf der Weide grasen zu lassen, weil der Unter-

Pferde können bei der Mobilisation des Zungenbeins sehr sensibel reagieren.

kiefer sich (entsprechend der Anziehungskraft der Erde) bei dieser Stellung der Nahrungsaufnahme nach vorne schiebt und es zu einer Entlastung der Kiefergelenke kommt.

DAS ZUNGENBEIN

Eine hohe Aufmerksamkeit bei der osteotherapeutischen Behandlung muss dem filigranen Zungenbein gewidmet werden, das zwischen den langen Ästen des Unterkiefers liegt und durch seine Faszien-, Bänder- und Muskelverbindungen eng mit den Kopf- und Kiefergelenken kommuniziert. Im Laufe der vergangenen Jahre entwickelten Dozenten und Therapeuten des DIPO eine ganze Reihe von mobilisierenden Handgrifftechniken, die auch der Besitzer und Reiter durchführen kann (siehe auch „Was dem Pferd gut tut“, S. 90). Pferde können sehr empfindlich sein bei der Mobilisation des Zungenbeins und zunächst versuchen, durch das Anheben des Kopfes sich zu entziehen. Die Empfindlichkeit kann sich von einer zur anderen Seite sehr unterscheiden. So kann es durchaus möglich sein, dass sich das Pferd auf der Gegenseite die Mobilisation unauffällig gefallen lässt.

Beim Grasen auf der Weide schiebt sich der Unterkiefer gemäß der Schwerkraft nach vorne. Die Kiefergelenke werden dadurch entlastet.

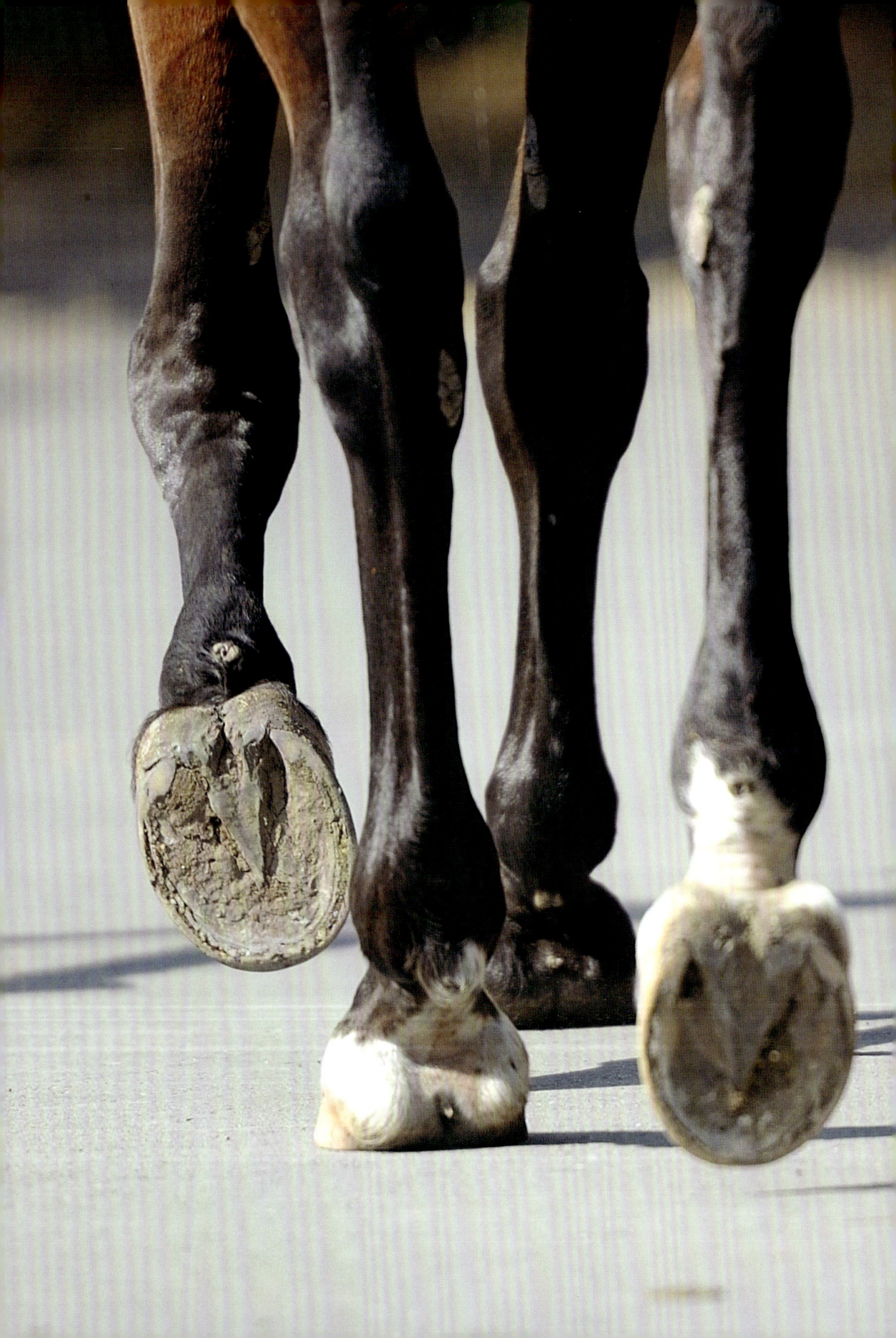

DER HUF

— *aus osteotherapeutischer Sicht*

GESUNDE HUFE, GESUNDES PFERD

Gesunde Hufe sind die Basis für ein gesundes Pferd und die alte hippologische Weisheit „No hoof, no horse" gilt gleichermaßen auch für die Osteotherapie. Kann sich ein Pferd aufgrund seiner Hufproblematik nicht richtig bewegen, wird auch eine osteotherapeutische Behandlung daran nichts ändern. Der gesunde Huf ist das Fundament für die naturgegebene Fortbewegung des Pferdes. Aus diesem Grund wird dem Huf und seiner Funktion ein eigenes Kapitel gewidmet.

Der Huf ist ein extrem gut durchbluteter Körperteil, der sich entsprechend seiner Belastung formt oder verformt. Die Blutgefäße sind fein verzweigt und jeder Druck von Gamaschen, zu kleinen Hufeisen, zu fest gewickelten Bandagen oder durch fehlerhafte Hufbearbeitung hat katastrophale Folgen für die Durchblutung.

Die meisten Hufe weichen in ihrer Form vom Ideal ab. Schon im Fohlenalter wird daher durch die Bearbeitung des Hufes und die Behandlung von Fehlstellungen der Gliedmaßen die Voraussetzung für eine korrekte Entwicklung geschaffen. Fehlstellungen beim Fohlen lassen sich am besten innerhalb der ersten drei Monate korrigieren, da nach sechs Monaten die Wachstumsfugen der unteren Beinabschnitte weitgehend geschlossen sind und eine Korrektur nur noch eingeschränkt möglich ist. Sind bei einem ausgewachsenen Pferd Verformungen der Hufe sichtbar, so ist eine regelmäßige Korrektur wichtig, um weitere Probleme zu vermeiden, da sich der Huf ein Leben lang verändert.

DER GESUNDE HUF

Von Natur aus weist der Vorderhuf eine runde, der Hinterhuf eine ovale Form auf. Der Huf verbreitert sich vom Kronrand zum Tragrand. Beim korrekten Huf verlaufen Zehen und Trachtenwand parallel. Die Hornkapsel verläuft gerade und weist keine Wölbungen oder Dellen auf.

Von unten betrachtet, befinden sich am aufgehobenen Huf am hinteren Teil die Hornballen. Sie sollen gleichmäßig ausgebildet sein und sich (von hinten gesehen) in der Höhe nicht voneinander unterscheiden. Der Strahl sollte gut entwickelt und symmetrisch sein und etwas über die weiteste Stelle des Hufes hinausragen. Die Sohlenwand ist beim Hinterhuf stärker gewölbt als beim Vorderhuf.

Die Osteotherapeutin begutachtet die Hufe und beobachtet genau, wie das Pferd auffußt. Das gibt erste Hinweise auf die Herkunft der Form- und Bewegungsveränderungen.

Der korrekte Vorderhuf ist kreisrund. Die Hornballen im hinteren Teil des Hufs sind gleichmäßig ausgebildet.

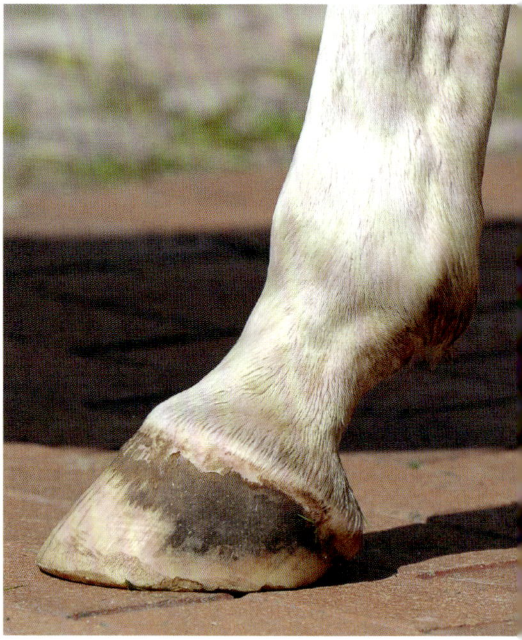

Der Hinterhuf ist von Natur aus oval geformt, Zehe und Trachtenwand sollen parallel verlaufen.

Die weiße Linie, ein Teil der Huflederhaut, ist im Bereich der Sohle deutlich zu erkennen. Der regelrecht geformte Huf fußt plan oder rollt von den Trachten zur Zehe auffußend ab. Abweichungen der regelrechten Hufform können unter anderem durch Stellungsfehler, Erkrankungen, Unfälle, Stürze sowie durch falsche Hufbearbeitung und fehlerhafte Reiter- oder Satteleinwirkung hervorgerufen werden. Als Folge davon wird das Pferd in allen Fällen eine Schonhaltung einnehmen.

DER HUFMECHANISMUS

Als Hufmechanismus bezeichnet man die Formveränderung des Hufes unter Einwirkung der Körperlast und dem Gegendruck des Bodens.

Da das Hufbein durch den Hufbeinträger in der Hornkapsel aufgehängt ist, kommt es bei Belastungen des Hufes, also beim Auffußen, zu einer Kräfteumkehr innerhalb der Hornkapsel. Der Druck von oben wird durch den Hufbeinträger in eine Zugkraft an der Hornkapsel umgewandelt. Dadurch wird die Hufkrone nach innen gezogen und die Trachten werden auseinandergedrückt. Auch der Hornstrahl wird auseinandergezogen. Bei Entlastung, also beim Abheben des Hufes vom Boden, zieht sich die Hornkapsel wieder zusammen.

Durch den Mechanismus des Auseinander- und Zusammenziehens des Hufes wird die Blutzirkulation innerhalb der Hornkapsel aktiviert. Dieser Vorgang wird auch als „Blutpumpe" bezeichnet. Jeder Druck von Gamaschen, zu engen Hufeisen, zu fest gewickelten Bandagen oder fehlerhafter Hufbearbeitung hat katastropahle Folgen für diesen Hufmechanismus.

Bei der Hufbearbeitung ist grundsätzlich zu beachten, dass der Hornstrahl und die Hufsohle nicht zu stark beschnitten werden und dass der Hornstrahl Kontakt zum Boden hat. Keile unter den Trachten heben häufig den Kontakt des Hornstrahls zum Boden auf. Dadurch wird der Hufmechanismus erheblich eingeschränkt und mit ihm auch die Hufdurchblutung.

STELLUNGSFEHLER UND DIE FOLGEN

VERMEHRTE BELASTUNG INNEN

Abweichungen von der korrekten Stellung der Gliedmaßen führen zu einer stärkeren Belastung von Teilen des Hufes. Erfahren einzelne Bereiche einen höheren Druck, werden sie weniger durchblutet. Es kommt zur Deformierung des Hufes, weil er aus der Belastung heraus wächst.

Das bedeutet, dass zum Beispiel ein am inneren Tragrand der Schultergliedmaßen mehr belasteter Huf eine steile innere Wand und eine schräge äußere Wand entwickelt. Die innere Trachte kann nach innen verschoben sein und der Strahl ist auf Grund des hohen Drucks und der verminderten Durchblutung zum Teil verkümmert. Wird der Huf nicht korrigiert und keine plane (ebene) Fußung herbeigeführt, wird sich die vorhandene Fehlstellung immer stärker auf die Gliedmaßen auswirken. Langfristig gesehen wird so der gesamte Bewegungsapparat des Pferdes negativ beeinflusst.

DER ZU STEILE HUF

Der zu steile vordere Huf hat oft eine zu hohe Belastung im Bereich der vorderen Zehe. Durch häufiges Zurückstellen der Gliedmaßen wird die Zehe überlastet und der Bereich der Trachten entlastet, was dort zu einem vermehrten Wachstum führt. Das Pferd steht nicht im Gleichgewicht und es kommt zur Überlastung der Schultergliedmaßen und des Aufhängeapparates des Rumpfes.

DIE ZU LANGE ZEHE

Eine zu lange Zehe führt zu einer stärkeren Belastung der Trachten, die in der Folge untergeschoben werden. Auch hierbei ist das Pferd nicht im Gleichgewicht, es kommt zu einer Überlastung der Schultergliedmaßen und im Sinne der Ursache-Folge-Kette auch des Rückens. Bei einer zu langen Zehe rollt der Huf über einen längeren Weg ab. Dieser muss im Wesentlichen durch die Arbeit des Armkopfmuskels, dem wichtigsten Vorführer der Schultergliedmaßen, geleistet werden. Er wird sich aufgrund der höheren Belastung über kurz oder lang verspannen.

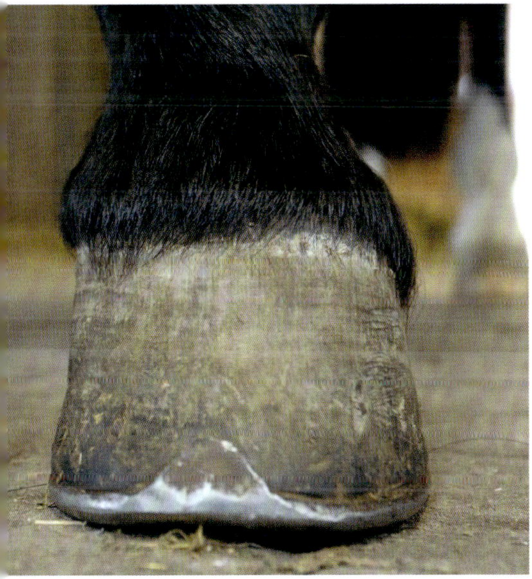

Dieser Huf hat eine steile Innenwand und eine schräge Außenwand.

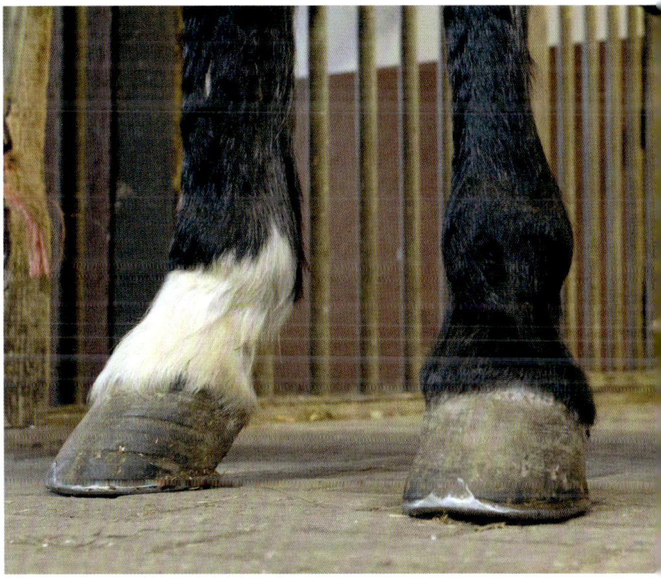

Zwei unterschiedlich geformte Vorderhufe. Beim rechten Huf des Pferdes ist die Tracht deutlich zu hoch.

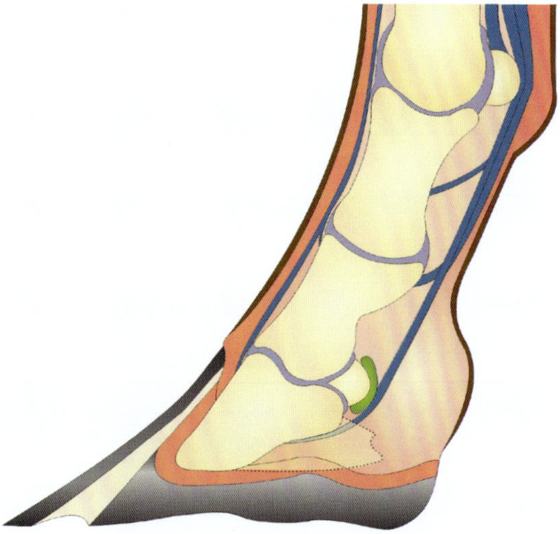

Ist die Zehe zu lang, hebelt sich die Hufkapsel von ihrer Verbindung zum Hufbein ab. Es entwickelt sich die hohle Wand.

Das Problem im vorderen Teil des Hufes liegt darin, dass die Hornkapsel, die mit fest-elastischen Fasern am Hufbein fixiert ist, abgehebelt wird (vergleichbar einem Klettverschluss, den man abreißt). Durchblutungsstörungen und Schmerzen sind die Folge. Neben flachen und eingerollten Trachten wird auch der Aufhängeapparat des Hufes in Mitleidenschaft gezogen, der gesamte Hufmechanismus ist gestört. Häufig sind rote Verfärbungen der Hornkapsel zu sehen, das sind Einblutungen aufgrund hoher Hebelkräfte zwischen Hornkapsel und Hufbein.

Eine Konsequenz von zu langen Zehen ist auch das Abtreten der vorderen Hufeisen. Weil der vordere Huf einen längeren Weg zurücklegen muss und deshalb länger am Boden bleibt, schwingt das Hinterbein bereits nach vorne und tritt so die Eisen ab. Schmiede verkürzen deshalb häufig die hinteren Schenkel – mit der Folge, dass die hintere Wand über das Hufeisen hinausragt. Dadurch wird sie aufgehebelt und der Hufbeinträger reißt an diesen Stellen. Ähnliche Problematiken gibt es auch im Bereich der Beckengliedmaßen. Hier führen Fehlstellungen zu Überlastungen des Hufes und damit zu Verformungen.

Das zu weit vorstehende Hinterbein geht mit einem flacheren Huf einher, das zu weit zurückstehende Hinterbein weist einen steileren Huf auf. Beides kann zu einer Überlastung der Sprung- und Kniegelenke, der Kreuz-Darmbein-Gelenke und der Lendenwirbelsäule führen.

SCHONHALTUNG UND DIE FOLGEN

Wird eine Gliedmaße auf Grund einer Verletzung, einer Erkrankung oder auch durch einseitig einknickendes Reitergewicht oder eine einseitig einwirkende Reiterhand nicht mehr normal belastet, kommt es zu einer Veränderung des Hufes. Der Huf, der stärkerer Belastung ausgesetzt ist wird größer, der zur Schonung entlastete Huf wird kleiner. Die Wachstumsveränderungen gehen mit Durchblutungsveränderungen einher. Beim weniger belasteten Huf wachsen die Trachten verstärkt, der Strahl verkümmert. Die Überlastung des einen Hufs stellt dabei ebenso ein Problem dar, wie die Entlastung des anderen: Beide Hufe entwickeln Dysbalancen, die sich auch nach oben auf die Gliedmaßen auswirken. In jedem Fall ist der Sattel zu überprüfen. Außerdem ist es sinnvoll, auch den Reiter mit seinen Einwirkungen zu analysieren.

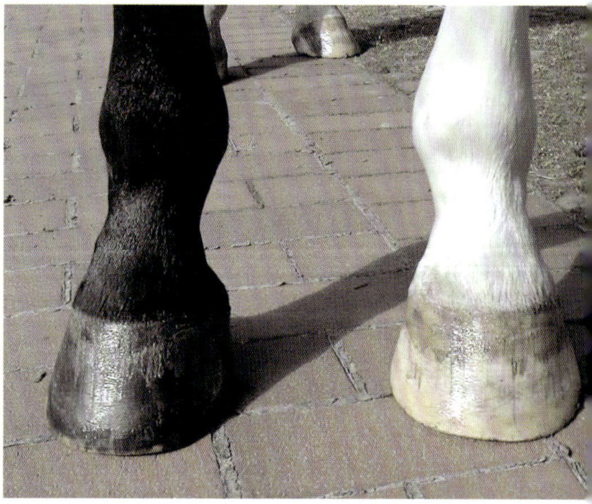

Dieses Pferd belastet vermehrt das linke Bein (größerer, heller Huf), weil es schmerzbedingt die rechte Seite entlastet.

Eine offene und vertrauensvolle Zusammenarbeit mit dem Schmied oder Hufpfleger ist unerlässlich.

HUFBEARBEITUNG

Auch durch fehlerhafte Bearbeitung kann der Huf in Dysbalance gebracht werden und es kann es zu ähnlichen Erscheinungen kommen wie bereits oben beschrieben.

Häufig fallen die Probleme erst auf, wenn das Pferd deutliche Taktunreinheiten, Rückenverspannungen oder Sehnenprobleme zeigt. Dann ist die vertrauensvolle Zusammenarbeit mit dem Hufschmied oder Hufpfleger unerlässlich und es wäre ein Fehler, die Korrekturmöglichkeit nur vom Kronrand bis zum Sohlen- bzw. Tragrand durchführen zu wollen. Die Problemkette hat sich längst über beide Gliedmaßen aufwärts entwickelt. Bilden sich Hufschmiede und -pfleger verstärkt fort, können sie anatomische und biomechanische Veränderungen im Becken-oder Schulterbereich des Pferdes im Zusammenhang mit Hufveränderungen besser beurteilen.

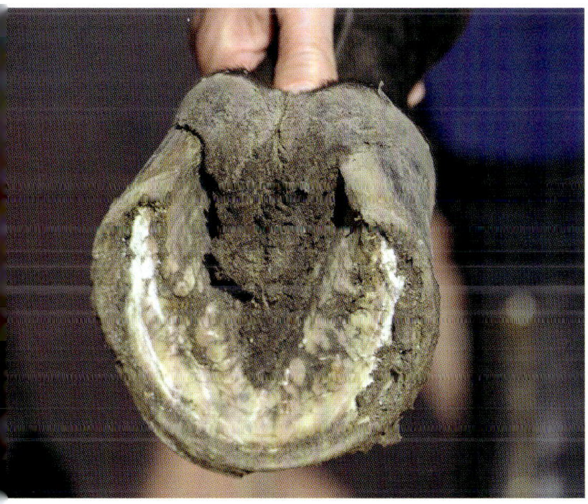

Dieser Huf ist schlecht gepflegt und in Mechanik und Stoffwechsel gestört. Die Trachten sind eingerollt, die Hornkapsel ausgebeult, der Strahl faul.

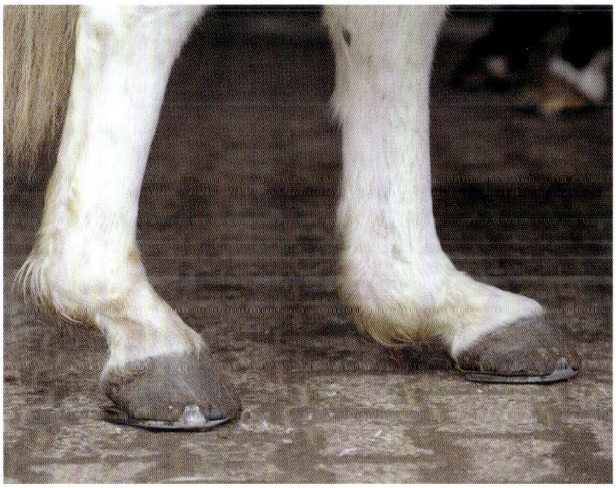

Die Stellung eines derartig abgesenkten Fesselgelenks wird auch als bärentatzig bezeichnet. Der Bandhalteapparat ist dabei erheblich überlastet.

DER SATTEL

— aus osteo-therapeutischer Sicht

DIE BAUSTEINE DES SATTELS

Um beurteilen zu können, warum ein Pferd beim Reiten den Rücken wegdrückt, die Vorderbeine nicht locker herausschwingt, klamm geht oder Ähnliches, ist das Wissen von der Einwirkung und der Funktion des Sattels gefordert. Auch ist die Kenntnis der Anatomie unerlässlich.

Jeder Reiter, der schon einmal ohne Sattel auf dem Pferderücken gesessen hat, weiß, dass er im Verlauf der Bewegung mehr und mehr an den Widerrist herangesetzt wird, bis er schließlich mit seinem Schambein anstößt. Biomechanisch ist diese Positionierung für das Pferd am günstigsten, weil hier die Region ist, die sich über dem Massenmittelpunkt des Pferdes befindet. Er liegt etwa im Bereich des Brustbeins unterhalb der Körpermitte an der 12. Rippe. Fällt man das Lot nach unten und verlängert die Senkrechte nach oben, trifft die Linie den Dornfortsatz des 15. Brustwirbels. Wenn der Reiter auf dieser Schwerkraftlinie sitzt und man bei ihm die Senkrechte vom Ohr über die Schulter und Hüfte bis zum Absatz ziehen kann, dann sitzt er im Lot.

Dieses Lot ist vergleichbar mit dem Balancieren auf einem großen, prall gefüllten Pezziball. Stellen Sie sich vor, dass Sie auf dem Ball stehen und ihn mit den Füßen fortbewegen müssen. Wenn Sie nur zwei Zentimeter zu weit nach vorne oder hinten kommen, fallen Sie herunter, weil Sie aus dem Lot gekommen sind. Bewegliche Füße und ein lockeres Becken sind dafür ebenfalls unerlässlich.

Auch Skifahrer kennen das: Lehnen wir den Oberkörper zu weit nach hinten, gehen die Ski nach vorne weg und wir landen im Schnee. Eine Übung, die man oft in Skischulen am Übungshügel sieht, ist das in die Hocke gehen und wiederaufrichten. Dabei wird das Halten des Gleichgewichts über dem Massenmittel-

Dorthin, wo das Pferd uns beim Reiten ohne Sattel setzt, muss uns auch ein korrekt gebauter Sattel platzieren – direkt hinter den Widerrist.

SCHWERPUNKT

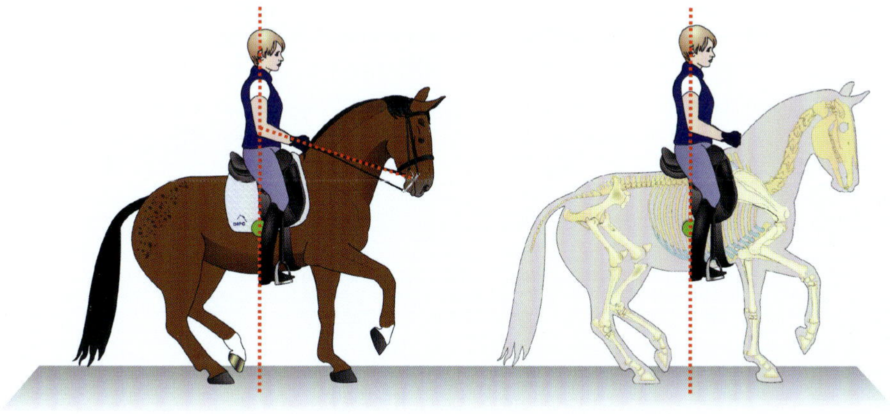

Der Schwerpunkt befindet sich im Bereich der 12. Rippe oberhalb des Brustbeins, aber unterhalb der Körpermitte. Ein passender Sattel hat unbedingt dem Sitzpunkt für den Reiter und ebenso dem Gurtverlauf der Lotlinie (rot) zu entsprechen.

punkt („im Lot bleiben") geschult. Gleiches passiert, wenn wir beim Leichttraben aufstehen. Versuchen Sie einmal, sich beim Leichttraben nicht hinzusetzen, sondern in den Bügeln stehen zu bleiben. Wenn Sie dabei einen Sattel benutzen, der Sie hinter den Massenmittelpunkt des Pferdes setzt, also hinter den 15. Brustwirbel, werden Sie kaum dazu in der Lage sein. Weist der Sattelbaum dagegen einen Schwung auf, der Sie über dem Massenmittelpunkt platziert, wird Ihnen diese Übung sehr schnell gelingen.

DER SATTELBAUM

Der wichtigste Baustein des Sattels ist der Sattelbaum. Er kann auch als Herzstück des Sattels bezeichnet werden. Fehlt einem Sitz für den Pferderücken dieses Herzstück, dürfte er korrekterweise nicht mehr Sattel heißen. Die Bezeichnung „baumloser Sattel" ist deshalb irreführend.
Bedauerlicherweise muss ein Sattelanpasser über keine Kenntnisse von Anatomie und Physiologie des Pferdes und Reiters verfügen. Im Gegenteil, jeder kann sich selber zum Sattelexperten ernennen. Auch die Ausbildung zum Sattler enthält keinerlei Inhalte zu Anatomie und Biomechanik. Ein Zustand, der zu Beginn des vorigen Jahrhunderts undenkbar gewesen wäre.
Für Pferd und Reiter wirkt sich das sehr nachteilig aus, denn nicht selten wird als Fazit einer osteotherapeutischen Behandlung der Sattel als Störfaktor oder Auslöser für die Bewegungsprobleme des Pferdes identifiziert. Reiter und Pferdebesitzer sind also gut beraten, wenn sie über Kenntnisse der Bausteine eines Sattels und deren Funktionen verfügen. In diesem Kapitel wird der klassische Reitsattel behandelt, der vom englischen Flachsattel abstammt und dessen Sitzfläche mit der oben beschriebenen Schwerpunktverteilung schon beim alten deutschen Schulsattel und dem Militärsattel umgesetzt wurde. Dabei ist es gleichgültig, ob es sich um einen Dressur-, Vielseitigkeits-, Spring-, Endurance- oder Islandsattel handelt. Die Parameter sind dieselben.

Die Erkenntnisse über den Sitzpunkt des Reiters, der nahe am Widerrist liegen muss und die schon im Militärsattel verwirklicht wurden, gelten heute noch unverändert.

Die alten Lehrmeister waren sehr wohl kundig über die Anatomie des Reiters und des Pferdes. So schreibt schon 1769 Du Paty de Clam, Musketier des französischen Königs, in einem Kapitel seiner berühmten Bücher über die Reitkunst: „Von dem Schwerpunkt des Menschen und des Pferdes und von der Lage des einen auf dem anderen". Auch wenn sich das Pferd durch die Zucht über die Jahrhunderte in seinem Exterieur verändert hat, so ist die Anatomie doch gleichgeblieben, ebenso wie die Gesetze der Physik. Beides muss sich funktionell im Sattelbau wiederfinden. Leider ist das heute häufig nicht der Fall und man gewinnt eher den Eindruck, dass „Neuentwicklungen" vor allem deshalb entstehen, um den Umsatz zu beleben.

Auch der Mär vom Frauensattel sollte man nicht erliegen. Es stimmt nicht, dass Frauen einen besonders konstruierten Sattelsitz haben müssen. Natürlich weist das weibliche Becken eine andere Form auf als das männliche, aber deshalb benötigt eine Frau ebenso wenig einen Frauensattel wie einen Frauenbürostuhl oder einen Frauenautositz. Hat jemals eine Olympiasiegerin oder Weltmeisterin, egal welcher Disziplin, einen Frauensattel benötigt?

DER HOLZ-STAHLFEDERBAUM

Heute werden Sattelbäume aus unterschiedlichen Materialien gefertigt. Doch welche Anforderungen sind an einen guten Sattelbaum zu stellen?

Der klassische Holz-Stahlfederbaum besteht aus einem Holzrahmen, der aus mehreren verleimten Holzschichten aufgebaut ist, an denen zur Stabilisierung Stahlfedern angebracht sind. Auf diesen Holz-Stahlfederbaum werden längs und quer verlaufende Gurte gespannt, die durch ihre Anordnung den Sitzpunkt des Reiters ergeben.
Die Funktionalität des Holzstahlfederbaums ist bis heute unerreicht, da er individuell an den Pferderücken und den Sitz des Reiters angepasst werden kann. Er ist sehr stabil, bietet aber durch die Spanngurte auch eine gewisse Federung beim Einsitzen und Aufstehen des Reiters.

TAILLIERUNG

Da ein Reiter nicht in den Sattel hineinschauen kann, weiß er in der Regel auch nicht, mit welchem Baum der Sattel ausgestattet ist. Auch die richtige Taillierung des Sattelbaums ist enorm wichtig denn sie ist einzig und allein von der Breite des Pferdes abhängig (siehe auch Foto S. 141).
Zwar ist dem Reiter ein eng taillierter Sattel angenehmer, weil er die Beine weniger spreizen muss, ist das Pferd aber breit und verfügt über wenig Widerrist, wird die Taillierung geringer sein und die Holmen des Baumes werden horizontaler verlaufen. Ein Vollblüter mit einem schmalen Rücken und hohem Widerrist braucht dementsprechend einen Sattelbaum mit stärkerer Taillierung und vertikaler verlaufenden Holmen, unter denen die Stahlfeder verläuft. Ein zu breiter Baum mit eher horizontalen Holmen würde mit seinen Innenkanten früher oder später Druck auf den Pferderücken ausüben, denn auch die Sattelkissen, die unter der Stahlfeder verlaufen, können den Kantendruck nicht neutralisieren Nachpolstern behebt dieses Problem nicht.

01 – 02 Man kann den Pferderücken z. B. mit der Messschlange vermessen und das Messprotokoll zu der herstellenden Sattlerei senden.

Die unter dem Holzrahmen verlaufenden angenieteten Stahlfedern geben dem Baum zusätzliche Stabilität und stellen zusammen mit den auf dem Holzrahmen aufgespannten Gurten ein Konglomerat von Stabilität und Federung dar, welches die Einwirkung des Reiters unterstützt. Gleichzeitig kann der Sattler über die Anbringung der quer verlaufenden Gurte genau den tiefsten Punkt und damit die Platzierung des Reiters bestimmen. Das ist bei einem Kunststoffbaum nicht der Fall.

01

02

Der Sattel

— Vermessung und Anpassung

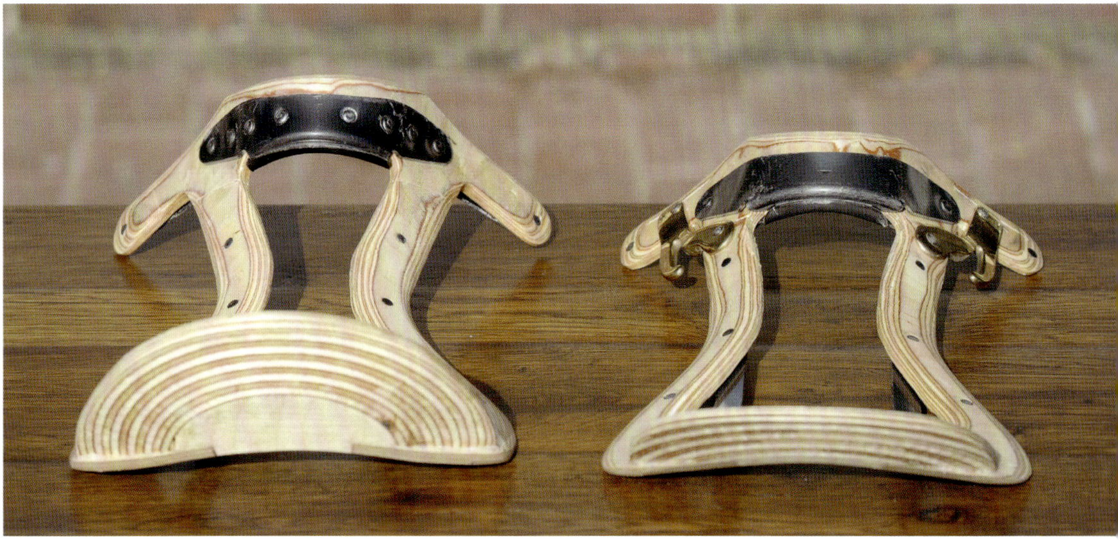

01

Die sicherste Methode, einen passenden Sattel zu bekommen, ist es, den Rücken des Pferdes ausmessen zu lassen. Sowohl das Kopfeisen als auch der Sitzpunkt des Reiters, das Ende des Sattels bzw. der Kissen sowie die Winkelung und Taillierung des Rahmens, unter denen die Sattelkissen verlaufen, müssen zur Kontur des Pferderückens passen. Es ist aber kein aufwändiges Messverfahren mit digitalen Sensoren erforderlich. Wichtig sind seriöse Kenntnisse über die Anatomie des Pferdes und das Wissen über Kenn- und Messpunkte, die ein Sattler für die Herstellung des Sattels benötigt.

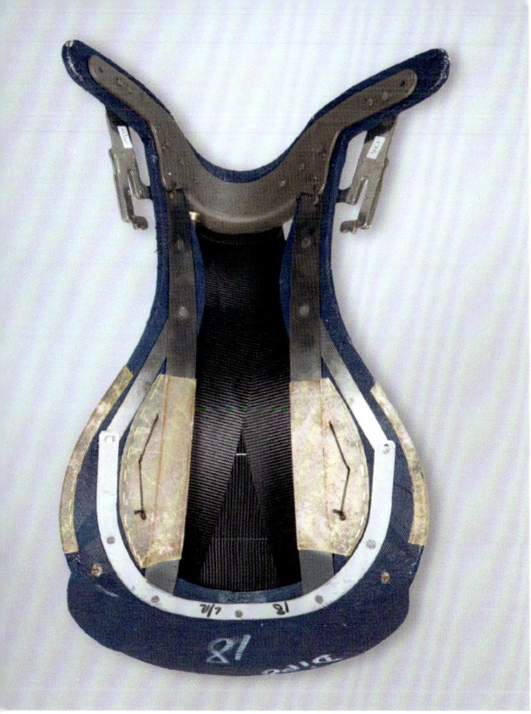

02

03

01 Die Taillierung des Sattels (breit oder schmal) ist ausschließlich von der Breite des Pferderückens abhängig und nicht von der Bequemlichkeit des Reiters.

02 Die Stahlfeder verläuft unter dem Holzrahmen, der mit blauer Gaze ummantelt ist.

03 Der Holzstahlfederbaum wird entsprechend des Messprotokolls mit längs- und querverlaufenden Gurten verspannt.

DER SATTELBAUM

Um den richtigen Sattelbaum zu ermitteln, muss der Schwung des Pferderückens aufgezeichnet werden. Bewährt hat sich hierfür die sogenannte Messschlange. Sie besteht aus einer Reihe Styroporkugeln, die mit Leder ummantelt sind und so zu einem biegsamen Stab werden. Damit der Sattler weiß, wie breit das Kopfeisen sein soll und welche Kontur es aufweisen muss, wird mit der Schlange an der Stelle Maß genommen, an der das Kopfeisen des Sattels auf dem Pferderücken liegt. Zusätzlich wird die Linie, die über dem Masseschwerpunkt des Pferdes liegt (also dem Punkt, über dem der Reiter sitzt) mit der Schlange geformt.

GESAMMELTES WISSEN

All das wird auf ein Maßblatt übertragen, ebenso die Form des Rückens im Bereich des 18. Brustwirbels. Über den darf der Kissendruck auf keinen Fall hinausgehen.
Es werden auch Angaben zum Pferdetypus und Ausbildungsstand vermerkt, ob der Reiter männlich oder weiblich ist, welche Körpergröße und welches Körpergewicht vorliegen, wie lang Ober- und Unterschenkel sind usw. Mit diesen Maßen und Informationen kann der kundige Sattler einen für Pferd und Reiter funktionierenden Sattel herstellen, der das Reiten für beide zur Freude werden lässt. Diese Art der Sattelausmessung gleicht der handwerklichen Kunst des Schneiders, der auch mit bestimmten Maßen Anzüge und Kostüme nähen kann, in denen man nicht nur sitzen und stehen, sondern sich auch bewegen kann, obwohl zum Ausmessen nur Maßband und Papier benötigt werden.

DER KUNSTSTOFFBAUM

Die meisten heute angebotenen Sättel enthalten keinen Holz-Stahlfederbaum, sondern einen Kunststoffbaum. Er wird in maschinell vorgefertigten Formen gegossen und ist erheblich preiswerter in der Produktion. Er kann nicht mit Gurten verspannt und daher auch nicht individuell auf den Pferderücken und den Sitz des Reiters eingerichtet werden. Das ist ein eklatanter Nachteil, denn der Reiter wird dort hingesetzt, wo die vorhandene Form es vorgibt. Das ist in der überwiegenden Zahl der Sättel, die wir in der osteotherapeutischen Behandlung vorgeführt bekommen, deutlich hinter dem 15. Dornfortsatz der Brustwirbelsäule und damit zu weit im hinteren Rückenbereich. Das Pferd ist dann nicht in der Lage, über den Rücken zu gehen. Gerade das junge, noch nicht kräftig ausgebildete Pferd, wird im Gegenteil den Rücken wegdrücken.
Üblicherweise bringt ein Sattelverkäufer mehrere Modelle zur Anpassung mit, jedoch kann auch er nicht immer sagen, ob die Taillierung und Winkelung für das auszustattende Pferd passend ist.

DAS KOPFEISEN

Bevor die Gurtverspannung des Sattelbaums erfolgt, wird das Kopfeisen angebracht. Bei hochwertigen Sätteln wird es geschmiedet, damit die optimale Passform für das jeweilige Pferd erreicht wird. Beim Reiten verteilt sich der größte Druck im vorderen Drittel des Sattels also dort, wo sich auch das Kopfeisen befindet. Es muss mit seinen Orten senkrecht zum Boden weisen und darf weder nach vorne Richtung Schulter noch rückwärts verlaufen.

STABILE LAGE

Der Sattel erhält seine stabile Lage
a) durch die Ausgewogenheit von Kopfeisen und Sitzpunkt des Reiters nahe am Widerrist,
b) durch eine abgestimmte Taillierung,
c) durch die unter dem Sattelbaum verlaufenden, lagenweise mit Naturwolle gefüllten Sattelkissen.
Die Gurtstrupfen müssen zudem korrekt am Sattelbaum angebracht sein.

Unter Belastung weichen die Orte auseinander. Gerade beim Absprung und bei der Landung kann es hier zu schmerzhaften Drucken hinter den Schulterblättern kommen. Auch bei hoher thermischer Einwirkung wird Kunststoff im Laufe der Zeit nachgeben.

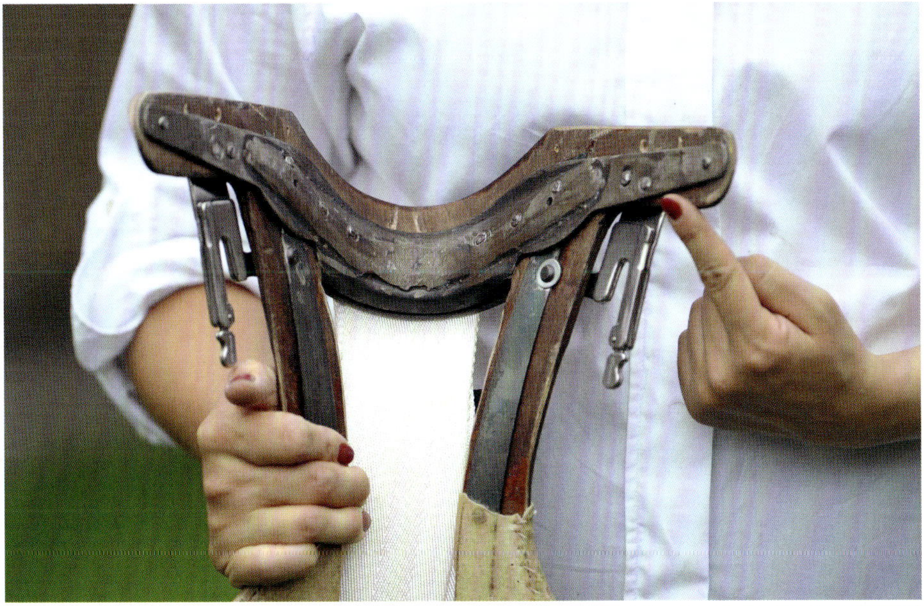

Der Sattel sollte über ein geschmiedetes Kopfeisen verfügen, welches sowohl unter als auch über der Kammer verläuft und mehrfach per Nieten fixiert ist.

Leider werden viele Sättel angeboten, die ganz ohne Kopfeisen produziert werden und nur aus Kunststoff bestehen. Sie bieten nicht annähernd die Eigenschaften von Sätteln mit einem Holz-Stahlfederbaum.

Auch Sättel, bei denen der Besitzer selber das Kopfeisen wechseln kann, sind mit größter Zurückhaltung zu behandeln. Mit dem Wechsel des Kopfeisens verändert sich die Lage des Sattels auf dem Pferderücken und damit auch der Sitzpunkt des Reiters. Wählt man ein Kopfeisen, das zu weit ist, kippt der Sattel nach vorne. Wählt man ein Kopfeisen, das zu eng ist, kippt der Sattel nach hinten und übt mit dem Gewicht des Reiters zu viel Druck auf den Pferderücken aus. Ein vorgefertigtes Kopfeisen wird mit nur zwei Schrauben befestigt. Da erscheint doch die sichere Stabilität des Sattels mehr als fragwürdig. Die ruhige und korrekte Lage einer solchen Konstruktion ist kaum vorstellbar.

Bei meinen Recherchen bin ich auf die Ausführungen von Otto von Bartholdy gestoßen. Er war Regimentssattlermeister, Fachlehrer und Abteilungsleiter der Reichsfachschule in Hildesheim und hat in seinem Buch „Anleitung zum Sattelbau" (1938) viele seiner Fachaufsätze veröffentlicht. Zum Thema Kopfeisen schreibt er: „Auch die Eisenteile wie Kopfeisen, Kopfeisenbelag, Äfterschienen (Trachtenschienen) und Steigriemenösen müssen sehr sorgfältig gearbeitet werden." Er warnt davor, Eisenbeschläge aus zu leichtem Material herzustellen und das, so schreibt er, gilt vor allen Dingen für das Kopfeisen, weil es zu leicht nachgibt und dadurch Widerristschäden auftreten, deren Rehabilitationskosten in keinem Verhältnis zu dem Preisunterschied zwischen einem minderwertigen und einem guten Sattelbaum stehen. Wie Recht er doch hat.

Daher zahle ich die vielen Stunden handwerklicher Arbeit, die in einem entsprechenden Sattel liegen, gerne. Denn ich habe erfahren, wie dramatisch der Unterschied zu einer massenproduzierten Ausführung mit Fertigteilen ist, die zwar aufwändig beworben und im Endpreis günstiger ist, funktionell aber einem oben beschriebenen, individuell gefertigten Sattel nicht das Wasser reichen kann.

DIE SATTELKISSEN

Die Sattelkissen liegen, nur getrennt durch die Satteldecke oder Schabracke, auf dem Pferderücken. Sie müssen das Reitergewicht schonend auf dem Pferderücken verteilen und gleichzeitig die Hilfengebung des Reiters möglichst auf den Punkt genau durchlassen, denn dadurch soll das Pferd verstehen, was der Reiter von ihm will.

Die Befüllung des Sattelkissens ist ein Prozess, der ebenfalls handwerkliches Geschick und Zeit erfordert. Sie dauert etwa eine Stunde, weil lagenweise Naturwolle mit dem Fülleisen vom Sattler eingebracht wird und er immer wieder prüft, wie sich der Federzustand anfühlt. Allerdings werden heute viele Sattelkissen als Wollkissen bezeichnet, obwohl sie mit Pressluft eingeblasene, geflockte Kunstwolle enthalten. Kunstwolle ist eben auch Wolle, und man muss schon nachfragen, ob es sich um Naturwolle handelt. Einen geringen Prozentsatz Kunstfaser dürfen Naturwollkissen aufweisen, weil sie dadurch ihre Form halten. Die Federungseigenschaften eines Naturwollkissens hat ein mit Kunstflocken befülltes Kissen aber bei Weitem nicht. Derartige Kissen „schwimmen" auf dem Pferderücken, sie rutschen hin und her. Der Unterschied in der Fertigung eines handbefüllten Naturwollkissens zu einem Luftdruck befüllten besteht auch darin, dass im Naturwoll-

Französische, wollgefüllte Sattelkissen sind sehr angenehm für das Pferd, weil sie nur an drei Stellen angeheftet sind und sich so optimal der bewegenden Rückenmuskulatur des Pferdes anpassen können. Im Gegensatz zum angenähten Kissen kann man mit der flachen Hand unter ihnen durchgreifen.

kissen unter der Lederummantelung hochwertiger Filz zur Stabilisierung angenäht statt geklebt ist und durch die Handbefüllung eine variable Sitzpolsterung erreicht wird.
Die Sattelkissen werden so angebracht, dass sie einen Kissenkanal bilden, der gleichmäßig etwa vier Finger breit von vorne nach hinten verläuft. Besonders angenehm für das Pferd sind französische Kissen. Sie haben die Eigenschaft, nur punktuell befestigt zu sein. Dadurch können sie sich flexibel der Bewegung der Rückenmuskulatur des Pferdes anpassen. Französische Kissen sind daran zu erkennen, dass man unter ihnen die flache Hand vo der einen zur anderen Seite durchschieben kann.

Angenähte Kissen, die dazu noch Knötchen (unsachgemäße Befüllung) aufweisen, sind alles andere als anpassungsfähig.

FRANZÖSISCHE KISSEN

Es gibt Sättel die aussehen, als wären sie mit französischen Kissen ausgestattet. Tatsächlich aber sind diese Kissen angeklebt. Deshalb sollte man grundsätzlich den Test mit der flachen Hand vornehmen und die Finger von der Seite des Sattelblatts unter dem Kissen bis zum Kissenkanal durchschieben, bis die Fingerspitzen dort wieder sichtbar werden.

Dass ich in der Praxis auch schon Sattelkissen in der Hand hatte, die als Füllung unter anderem Papiertaschentücher, Kosmetikpads und selbst Bauschaum enthielten, will ich in diesem Zusammenhang zumindest erwähnen, um Sie als Leser dafür zu sensibilisieren, Ihren Sattel auf Herz und Nieren zu prüfen.
Es ist nicht abzustreiten, dass es sich beim Sattelkauf um eine erhebliche Investition handelt. Grundsätzlich sollte es nicht auf das schöne Äußere ankommen, sondern auf die wahren Werte, die auch hier im Inneren liegen. Ein wirklich hochwertiger und funktionsgerechter, handgefertigter Sattel besteht neben einem begurteten Holzstahlfederbaum, geschmiedeten Kopfeisen und naturwollgefüllten Kissen aus vegetabil gegerbtem Leder (Gerbung mit pflanzlichen Gerbstoffen) und vermittelt sowohl haptisch als auch optisch Schönheit, Eleganz und vor allem Funktionalität für Pferd und Reiter.
Vor Sattel-Schnäppchenkäufen muss an dieser Stelle wohl nicht weiter gewarnt werden. Sehr häufig stellen sie sich als gesundheitlicher Bumerang für das Pferd heraus. Bei Internetkäufen ist keineswegs gewährleistet, dass der Sattelbaum nicht gebrochen ist.
Ein gebrochener Sattelbaum ist immer ein wirtschaftlicher Totalschaden. Er kann nicht repariert werden!
Ein passender Sattel stellt in vielfacher Weise einen echten Wert dar. Deshalb muss er regelmäßig gepflegt und in einer gut belüfteten Sattelkammer aufbewahrt werden.

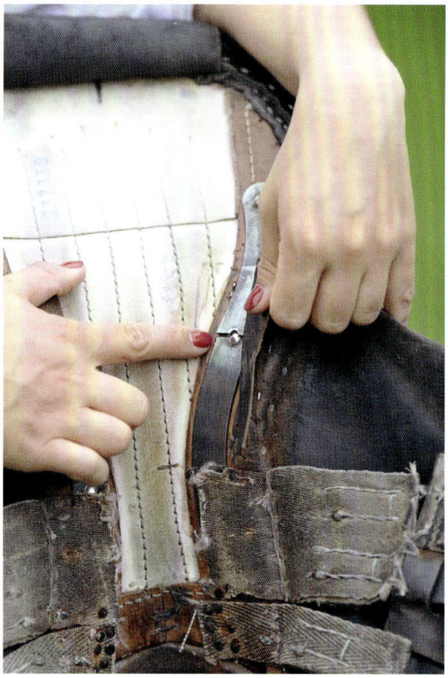

Bei diesem Sattel ist die Stahlfeder gebrochen.

Ist der Baum gebrochen, gibt der Sattel schon bei leichtem Druck nach, wenn Sie Vorder- und Hinterzwiesel zusammenzudrücken.

Sollten Sie bei Ihrem Pferd helle Haare in der Sattellage entdecken, ist davon auszugehen, dass ein nicht passender Sattel hier über geraume Zeit so viel Druck ausgeübt hat, dass die Pigmentierung der Haare in diesem Bereich gelitten hat. Und das Pferd natürlich ebenso.
Helle Haare, die auf den vorderen Dornfortsätzen des Widerrists sichtbar werden, entstehen häufig durch Druck von nicht gut sitzenden Winterdecken. Deshalb ist auch bei der Auswahl der Winterdecke unbedingt auf Passgenauigkeit zu achten, denn Druck auf den Dornfortsätzen verursacht dem Pferd Schmerzen und beeinträchtigt die Rittigkeit.

DIE SATTELSTRUPFEN

In den vergangenen Jahren haben sich, zumindest bei Dressursätteln, mehr und mehr Langstrupfen etabliert, an die Kurzgurte geschnallt werden. Funktionell gesehen umschließt ein Langgurt das Pferd aber besser. So wird man auch keinen Vielseitigkeitsreiter sehen, der für seine Geländeritte einen Kurzgurt benutzt, denn die Erfahrung hat gezeigt, dass der Langgurt den komfortableren Halt des Sattels bietet.
Die meisten Sättel, die bei einer osteotherapeutischen Behandlung begutachtet werden, folgen der korrekten, schwerpunktorientierten Begurtung nicht. Daraus ergeben sich oftmals eklatante Probleme für den Pferderücken. Es hat sich geradezu eingebürgert, dass die vordere Gurtstrupfe am Kopfeisen des Sattelbaums angebracht wird und die hintere als V-Gurt Strupfe an den Trachten, auch Stege genannt, sodass der Sattel in seiner gesamten Länge vorne vom Kopfeisen bis hinten zur Kante des Sattelblatts auf dem Pferderücken fixiert wird. In Kombination mit dem sich weit hinten befindenden Sitzpunkt des Reiters drängt sich förmlich die Frage auf, wie das Pferd dann noch den Rücken aufwölben und sich um den Reiterschenkel biegen soll.

Vielseitigkeitsreiter sind fast immer mit einem Langgurt unterwegs.

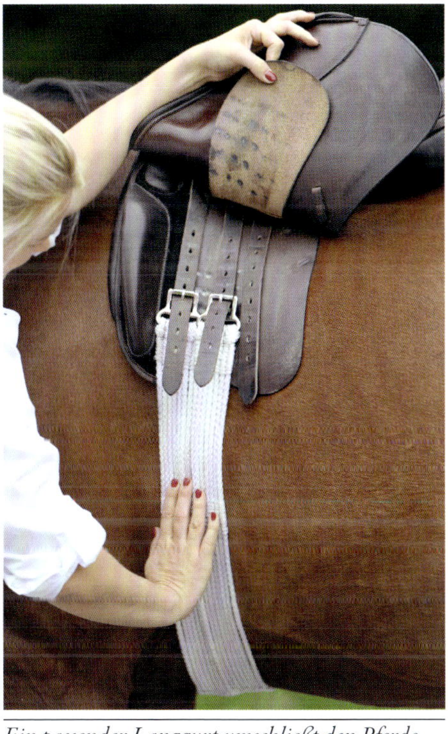

Ein passender Langgurt umschließt den Pferdekörper formgerecht und gut. Die Gurtung soll auf beiden Seiten gleich hoch erfolgen.

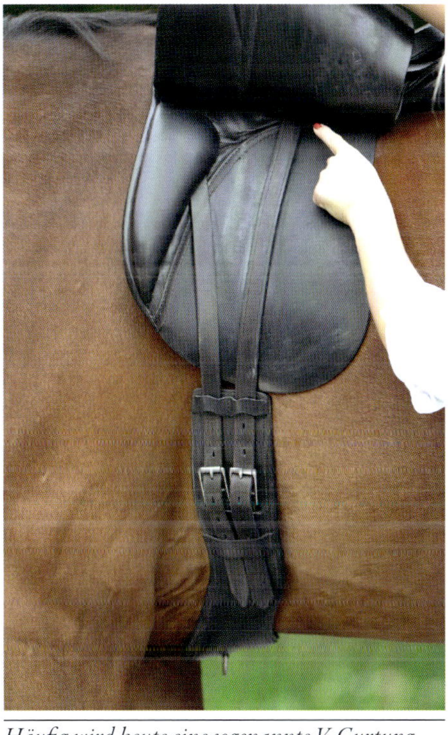

Häufig wird heute eine sogenannte V-Gurtung verwendet, die die Auflage des Sattels sichern soll. Funktionell ist sie problematisch einzustufen.

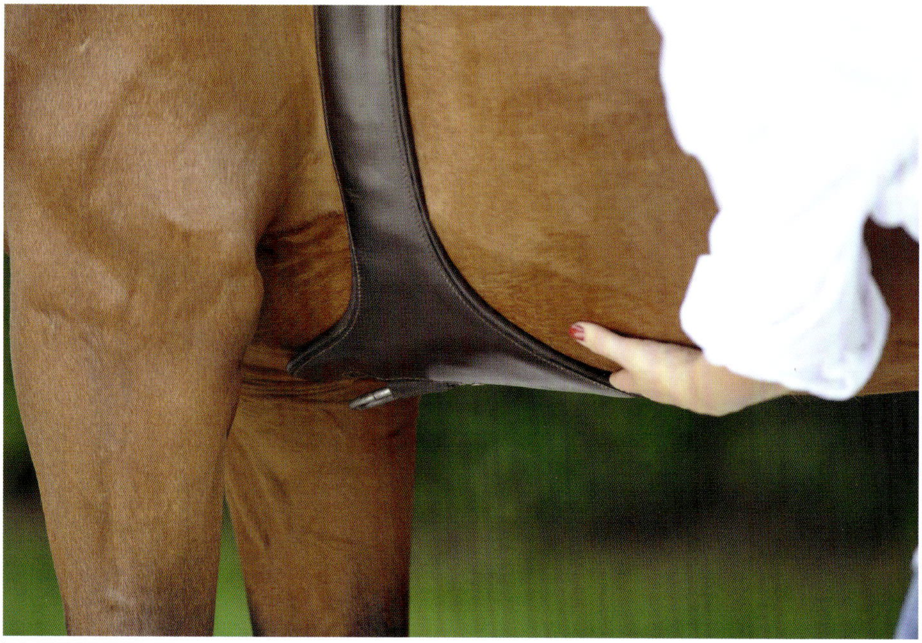

Entsprechend der Form des Brustbeins ist es für das Pferd angenehm, wenn eine weiche, verbreiterte Fläche diesen schiffskielförmigen Knochen abpolstert.

DER SATTELGURT

Bei der Wahl des Equipments darf auch beim Sattelgurt kein falscher Kompromiss eingegangen werden.
Es gibt Pferde, die mit dem althergebrachten Kordelgurt gut zurechtkommen. Das ist eine preiswerte Lösung, die durchaus funktioniert, wenn das Pferd keine Empfindlichkeiten am Brustbein oder an anderen Stellen der Gurtlage aufweist.
Bedingung ist natürlich, dass der Gurt nicht bis zum Luftaustreiben angezogen wird, sondern dem Pferd noch die freie Ein- und Ausatmung ermöglicht. Vorausgesetzt, dass der Sattel wirklich passt, reicht es, wenn der Gurt so angezogen wird, dass problemlos die flache Hand zwischen Pferdekörper und Sattelgurt geschoben werden kann. Schließlich muss das Pferd beim Einatmen nicht nur den Rücken wölben, sondern auch die Rippen nach vorne bewegen können. Nur dann kann genügend Luft in die Lunge strömen und das Pferd seine Leistung entfalten. Verwenden Sie aus diesem Grund keinen Gurtstraffer zum Festziehen des Gurtes!
Achten Sie auch auf die Ellenbogenfreiheit des Pferdes. Selbst bei Grand Prix-Reitern sieht man immer wieder Sattelgurte, die zu kurz sind und deren Schnallen die freie Ellenbogenbewegung beeinträchtigt. Grundsätzlich ist zu beachten, dass der Sattelgurt über einen Ausschnitt für den Ellenbogen verfügt (eine Ausnahme bildet nur der flache Kordelgurt), und dass dieser auch so platziert ist, dass er die Bewegung nicht einschränkt. Außerdem soll der Gurt sich über dem Brustbein verbreitern und auch dort weich gepolstert sein. Denn wie im Kapitel Anatomie dargestellt, ist der Pferderumpf nur mit Muskeln und Bändern zwischen den Schulterblättern aufgehängt und lastet gesattelt und beim Reiten vermehrt auf dem Brustbein und seinen umgebenden Muskeln.
Je nach Gurtlage und Rumpfform des Pferdes gibt es anatomisch geformte Fellgurte, die ausgesprochen hilfreich sind, wenn das Pferd beim Satteln und Gurten seinen Unwillen

zeigt. Das ist übrigens nie eine Marotte des Pferdes und schon gar keine Kitzeligkeit, sondern Ignoranz des Reiters, wenn er diese Reaktionen abtut und als „Unart" deklariert. Schließlich weiß das Pferd, was ihm „blüht", und eigentlich möchte es lieber seinem Naturell entsprechend die Flucht ergreifen, als sich durch Satteln und Reiten immer wiederkehrende Schmerzen zufügen zu lassen.

DIE SATTELDECKE

Auch bei der Wahl der Satteldecke oder Schabracke muss aufgepasst werden. Eine gerade geschnittene Satteldecke wird bei aufgelegtem Sattel immer Druck auf die Dornfortsätze des Widerrists ausüben. Deshalb ist auf einen großzügigen Anschnitt zu achten. Die Satteldecke muss lang genug sein und ist dem Sattel anzupassen. Das bedeutet: Ein Vielseitigkeitssattel ist mit einer Vielseitigkeitssatteldecke auszustatten, ein Dressursattel mit einer Dressurdecke und ein Springsattel mit einer Springdecke. Andernfalls läuft man Gefahr, dass Teile des Sattels auf die Einfassung der Satteldecke drücken und dem Pferd Schmerzen verursachen. Im Zweifel sollte man eher eine zu große Satteldecke wählen, die in der Wäsche etwas einlaufen kann, als eine zu kleine, die beim Pferd Druckstellen hervorruft. Die Steppung einer Satteldecke sollte klein sein. Je weiter die Steppnähte auseinanderliegen desto eher schiebt sich das Füllmaterial zusammen, sodass die Gleichmäßigkeit der Polsterung und Schweißaufnahme nicht mehr gewährleistet ist.

Zu warnen ist vor jeglicher Art von Ausschnitten im Bereich des Widerrists oder Trapezmuskels. Derartige Produkte werden als schonend für das Pferd verkauft, jedoch werden sie durch den Druck des Sattels, der zwangsweise von oben nach unten erfolgt, auf den Widerristbereich übertragen.

Zur Schonung des Sattels sollte nach jedem Ritt die Satteldecke entfernt und separat getrocknet werden. Auch sollte der meist schweißnasse Sattelgurt niemals über die

Eine Schabracke oder Satteldecke muss über einen hohen Anschnitt verfügen, damit der Widerrist genügend Platz findet.

Eine gerade geschnittene Satteldecke übt Druck auf den Widerrist aus und neigt dazu, Falten zu werfen, wenn sich der Sattel mit dem Reitergewicht darüber zieht.

Pferden, die empfindlich im Rücken sind, z. B. nach erlittenem Satteldruck, Hautproblemen, Narben usw., kann häufig mit einer guten Naturfellunterlage geholfen werden.

Sitzfläche des Sattels gelegt werden. Pferdeschweiß wirkt sich zersetzend auf das Leder aus und eine neue Sitzbespannung ist teuer.

KORREKTURPADS

Benötigt jedes Pferd einen eigenen, ausgemessenen Sattel? Die Antwort ist: Nein! Aber jedem Pferd muss der Sattel passen, mit dem es geritten wird.

Reitet oder besitzt man mehrere Pferde gleichen oder ähnlichen Typs, ist es natürlich möglich, denselben Sattel zu benutzen. Sinnvollerweise lässt man den Sattel für das Pferd ausmessen, welches am breitesten ist, und benutzt dann für die schmaleren ein Fell- oder Korrekturpad. Das Gleiche gilt für Pferde, die zum Beispiel unfallbedingt eine Asymmetrie aufweisen. Niemals darf ein Sattel asymmetrisch gepolstert werden, denn wie soll das Pferd dann aus seiner Asymmetrie herauskommen? Die Lösung liegt in diesem Fall auch in der Anwendung eines Korrekturpads, dem einige Einlagen an die weniger bemuskelten Regionen der Sattellage gegeben werden. Diese können dann sukzessive Schicht für Schicht, entsprechend dem Aufbau der Muskulatur, entfernt werden.

Liegt der Schwerpunkt des Sattels bei einem Pferd etwas zu weit hinten, kann bis zu einem bestimmten Punkt auch hier durch das Einschieben von den mitgelieferten Polyflex-Einlagen des Korrekturpads ein Ausgleich erfolgen, ohne dass gleich ein neuer Sattel angeschafft werden muss.

Wie entscheidend der Einsatz eines Korrekturpads sein kann, kann ich aus eigener Erfahrung berichten. Mein achtjähriger Wallach Siam ist hochsensibel. Ich reite ihn immer mit einem Fellpad, das ich ihm direkt auf den Rücken lege, darauf kommt die Schabracke und darüber der Sattel. Weil der Sattel etwas nach hinten abfällt, habe ich drei Polyflexeinlagen in das Korrekturpad gelegt, mit dem der tiefste Sitzpunkt sich einigermaßen nach vorne um den 15. Brustwirbel verlagerte.

An einem Abend wollte Siam nicht arbeiten. Er blieb mitten in den Trab- und Galoppreprisen stehen und wollte keinen Schritt mehr vorwärts gehen. Ich konnte mir sein Verhalten nicht erklären. Des Rätsels Lösung: Ausnahmsweise hatte nicht ich selbst, sondern eine Mitarbeiterin mein Pferd gesattelt, und zwar ohne das Korrekturpad. Das bewirkte, dass der Sattel etwas zu weit nach hinten abfiel, mein Reitergewicht also zu weit nach hinten in den Pferderücken übertragen wurde. Siam konnte deshalb nicht locker mit den Hinterbeinen vorschwingen und auch den Rücken nicht aufwölben. Sein Stehenbleiben war die klare Ansage: „Es geht nicht".

Manchmal sind es vermeintlich Kleinigkeiten, die heftige Auswirkungen haben können.

KENNPUNKTE ZUR SATTELBEURTEILUNG

Die folgenden Kennpunkte sollen Ihnen helfen, sich selber ein Bild über die Passform Ihres Sattels zu machen.

1. Liegt der Sitzpunkt an der richtigen Stelle?

Führen Sie Ihre flache Hand von der Sattellage aus mit leichtem Druck der Fingerspitzen in Richtung Schulterblatt. Sie stoßen dann gegen die hintere Knochenkante des Schulterblatts. Das ist der hintere Schulterblattwinkel. Von dort gehen Sie etwa 20 Zentimeter (bei Ponys bzw. Kleinpferden eher 18 cm) horizontal nach hinten (Richtung Schweif) und von dort aus senkrecht nach oben. Sie befinden sich dann in Höhe des 15. Brustwirbels, also an der Stelle, wo der Reiter sitzen soll. Dort muss auch der tiefste Punkt des Sattels liegen.

Legen Sie nun den Sattel auf und gehen Sie von der Hinterkante des Schulterblatts, die direkt vor der Vorderkante des Sattels liegt,

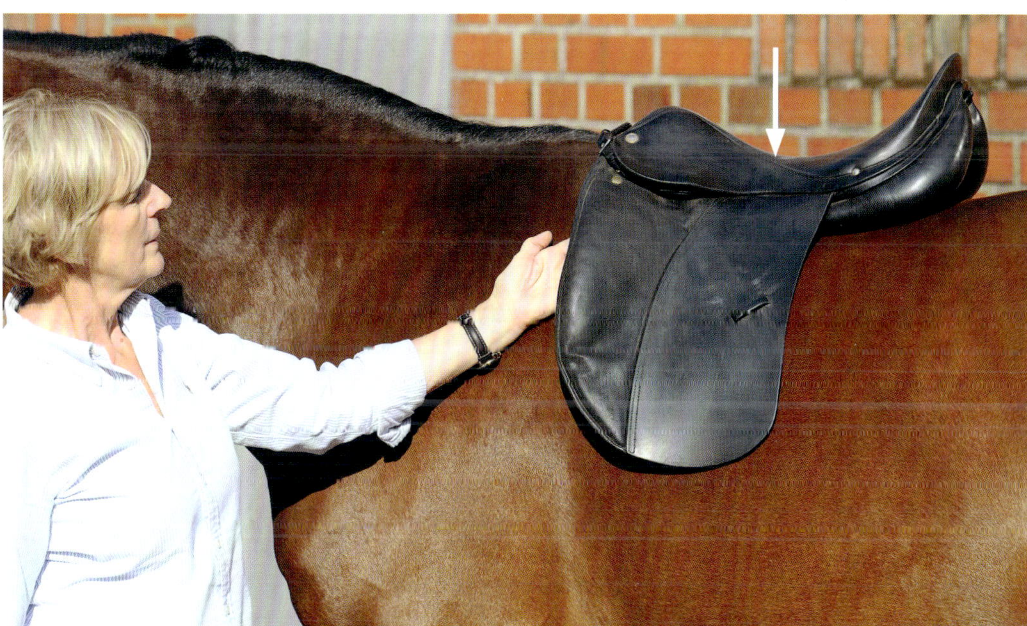

Das Kennen einfacher Kriterien hilft dem Reiter, sich ein Bild über die Passform des Sattels zu machen.

Der tiefste Punkt der Sattelsitzfläche muss senkrecht über dem Schwerpunkt des Pferdes liegen.

Das Kopfeisen verläuft korrekt senkrecht zum Boden.

20 Zentimeter nach hinten (das ist bei mir eine Handspanne vom abgespreizten Daumen bis zum abgespreizten kleinen Finger) und von dort senkrecht hoch. Dann sollten Sie auf den tiefsten Sitzpunkt des Sattels treffen. Nicht selten erleben wir Sättel, dessen Sitzpunkt sieben oder acht Zentimeter dahinterliegt. Ist das der Fall, wird das Pferd kaum die Möglichkeit haben, den Rücken mit Reiter korrekt aufzuwölben.

2. Verlaufen die Ortspitzen senkrecht zum Boden?

Nehmen Sie das Sattelblatt hoch und folgen Sie dem Verlauf der „Tasche", in der das Kopfeisen steckt. Es darf weder nach vorn Richtung Schulterblatt zeigen, noch darf es nach hinten gerichtet sein. Es muss senkrecht zum Boden verlaufen.

3. Ist das Kopfeisen zu weit oder zu eng?

Bei einem zu weiten Kopfeisen wird die Sattelkammer zu dicht auf dem Widerrist liegen, sodass nicht zwei bis drei Finger Luft vom Widerrist bis zur Sattelkammer bestehen. Legen Sie die flache Hand mit dem Handrücken in die Kammer des Sattels und fahren Sie zwischen Pferdekörper und Sattelkissen an der Schulter des Pferdes herunter. Bei angegurtetem Sattel dürfen Sie kein schmerzhaftes Einklemmen Ihrer Finger verspüren. Ziehen Sie den Sattelgurt nur so fest an, dass Ihr Pferd problemlos die Rippen beim Einatmen bewegen kann.
Sollte Ihr Pferd bei dieser Überprüfung abwehrend reagieren, muss gegebenenfalls das Kopfeisen des Sattels weiter gestellt werden. Das geht jedoch nur bei Sätteln, die über ein Kopfeisen verfügen.

4. Über welche Kissen verfügt der Sattel?

Nehmen Sie den Sattel vor sich und überprüfen Sie die Sattelkissen. Handelt es sich um französische Kissen, können Sie mit den Fingern von einer Seite zur anderen durchgreifen. Achtung: Manchmal sehen Sattelkissen wie

Mit der flachen Hand überprüft man Druck und Passform des Kopfeisens.

französische Kissen aus, sie sind jedoch angeklebt und man kann nicht hindurchfassen. Überprüfen Sie deshalb unbedingt den Durchgriff.

5. Sind die Sattelkissen richtig befüllt?

Überprüfen Sie die Beschaffenheit der Sattelkissenfüllung, indem Sie mit leichtem Druck Ihrer Finger von hinten bis vorne über die Sattelkissen fahren. Sind sie gleichmäßig angenehm weich befüllt und von homogener Beschaffenheit, oder sind sie hart und Sie fühlen oder sehen Knötchen und Hohlräume, die Brücken bilden?
Es gibt Sattelkissen, sogenannte Formkissen, die aus Latex bestehen. Diese haben nicht annähernd das Verhalten von Wollkissen, weil sie nicht die Eigenschaft haben, sich zu „setzen" und sich dauerhaft der Kontur des Pferderückens anzupassen. Sie haben viel mehr die Tendenz, auf dem Pferderücken hin und her zu rutschen, wenn sich dort die Muskulatur in den unterschiedlichen Gangarten entsprechend bewegt.

Eine gute Kissenfüllung ist angenehm weich und homogen.

Der Kissenkanal sollte durchgehend etwa vier Finger bzw. acht Zentimeter breit sein.

Die Sattelkissen liegen weich gepolstert auf dem langen Rückenmuskel. Sie müssen vor Beginn der Lendenwirbelsäule aus dem Rücken heraus nach oben laufen.

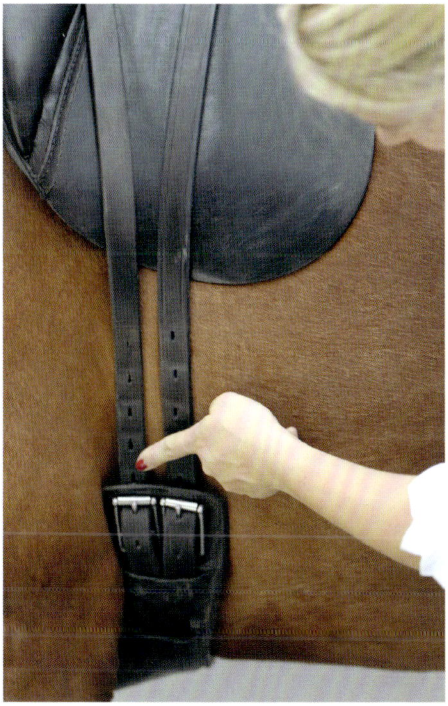

Dieser Kurzgurt ist zu kurz. Die Schnallen behindern die freie Beweglichkeit des Ellenbogens. Sie üben schmerzhaft werdenden Druck aus. Unphysiologisch ist auch die vordere Strupfe, die am Kopfeisen befestigt ist und den Sattel vorne herunterzieht.

Dieser Sattel war einem Pony angepasst worden, das wegen Widersetzlichkeiten beim Reiten zur osteopathischen Behandlung kam. Abgesehen von der Vorgurtstrupfe verkantete sich die Metallführung der V-Gurtung und übte punktuellen Druck aus, dem sich das Pony nachvollziehbarerweise widersetzte.

6. Die Breite des Kissenkanals

Der Kissenkanal sollte durchgehend etwa 8 Zentimeter oder vier Finger breit sein. Überprüfen Sie den Abstand, indem Sie mit den Fingern von hinten bis nach vorne zwischen den Sattelkissen hindurchfahren. Bei wollgefüllten französischen Kissen kann man den Eindruck haben, dass sie enger aneinander stehen. Ist es aber möglich, mit vier Fingern regelmäßig hindurchzugleiten, ist der Abstand genügend. Gleichzeitig können Sie dabei kontrollieren, ob beide Sattelkissen symmetrisch geformt und angebracht sind.

7. Laufen die Kissen rechtzeitig aus dem Pferderücken heraus?

Legen Sie den Sattel in korrekter Lage auf den Rücken des Pferdes und verfolgen Sie den Verlauf der Sattelkissen. Tasten Sie dazu die 18. Rippe des Pferdes ab, deren Kante gut zu fühlen ist, wenn Sie mit leichtem Druck der Finger von der Flanke Richtung Rippen gehen. Die 18. Rippe beschreibt einen Bogen nach vorne, dessen Verlauf Sie mit den Fingern spüren. Die Sattelkissen dürfen nicht über die 18. Rippe hinausragen, sondern müssen vorher den Rücken verlassen. Der Sattel soll sich nicht mit seinen Kissen nach hinten verbreitern (Keilkissen) und auch keine Dellen im Pferderücken verursachen. Sollten Sie Dellen feststellen, drücken Sie leicht mit den Fingerkuppen darauf. Drückt das Pferd den Rücken weg, ist die Gewichtverteilung des Sattels zu überprüfen.

8. Welche Begurtung weist der Sattel auf?

Heben Sie das Sattelblatt an und überprüfen Sie, mit welchen Strupfen der Sattel ausgerüstet ist. Verfügt er über Kurzstrupfen, die einen Langgurt benötigen, oder ist er mit Langstrupfen ausgestattet, bei denen ein Kurzgurt zu verwenden ist? Verlaufen die Langstrupfen so, dass sie senkrecht in die Gurtlage weisen, oder ist die vordere Strupfe am Kopfeisen befestigt und die hintere als V-Gurtstrupfe angebracht, sodass der Sattel von vorne bis hinten auf den Pferderücken gedrückt wird und das Pferd sich nicht biegen kann?

9. Ist der Gurt passend?

Zeigt Ihr Pferd keinerlei Empfindlichkeiten beim Gurten, werden Sie möglicherweise mit einem preisgünstigen, herkömmlichen Kordelgurt zurechtkommen. Ist Ihr Pferd aber in der Gurtlage empfindlich, sollte ein Gurt gewählt werden, der dem Brustbein eine breite und weich gepolsterte Auflage bietet und am Ellenbogen genügend ausgeschnitten ist. Benutzen Sie einen Kurzgurt, sollten Sie unbedingt darauf achten, dass er lang genug ist. Wenn nachgegurtet wurde, muss er bis an die Satteldecke reichen und die Schnallen dürfen nicht die freie Bewegung des Ellenbogens einschränken.

10. Passt die Satteldecke?

Die Satteldecke muss unbedingt groß genug sein, damit der Sattel nicht gerade so auf ihrem Rand aufliegt. Das würde beim Pferd unangenehmen Druck erzeugen. Sie muss außerdem über einen genügenden Anschnitt am Widerrist verfügen, weil ansonsten beim Auflegen des Sattels die Mittelnaht auf die Dornfortsätze des Pferdes drückt und entsprechende Schmerzen verursacht. Ebenfalls wichtig: Die Steppung muss klein genug sein, um ein Zusammenschieben der Füllung effektiv zu verhindern.
Ein weiteres Kriterium sind die Schlaufen zum Fixieren des Sattels. Diese sollten aus Klettmaterial bestehen, um eine optimale Lage des Sattels zu erreichen.

Die Satteldecke hat genügend Anschnitt, so drückt die Mittelnaht nicht auf die Dornfortsätze. Die kleine Steppung verhindert, dass sich die Füllung zusammenschiebt.

DREI LÖSUNGEN FÜR DREI PFERDE

WILHELMINE

Wilhelmine ist eine kleine Hannoveraner Stute mit einem Stockmaß von 158 Zentimetern. Sie ist ein durchschnittliches Pferd meiner kleinen Pferdegruppe, und weil ich über mehrere gute Sättel verfüge, sollte sie mit einem der vorhandenen geritten werden, der von der Kammer und dem Verlauf des Sattelbaums auch passte.

Das Talent von Wilhelmine liegt im Springen und ihre Reiterin sagte mir regelmäßig, dass sie den Eindruck habe, dass sie sich im Rücken festhalte und ich sie osteopathisch checken müsse. Wenn sie von Turnieren heimkam, war immer etwas Enttäuschung dabei, weil Wilhelmine nur einen Reserveplatz erhalten hatte oder knapp hinter den Platzierten lag. Ich entschloss mich, ihren Rücken auszumessen und das Messprotokoll in die Sattlerei meines Vertrauens in die Schweiz zu senden, zusammen mit einem Foto der aktuellen Besattelung.

Die Antwort kam umgehend: Der Sattel sei zu lang für das Pferd, es sei dringend ein kleiner Sattel mit einer kleineren Sitzfläche von 16,5 Zoll anzupassen. Da Wilhelmines Reiterin auch schmal und leicht ist, habe ich mich immer noch etwas zähneknirschend zur Neubestellung entschlossen.

Längst bedauere ich es nicht mehr, denn in der folgenden Turniersaison kamen Wilhelmine und Laura niemals ohne eine Schleife vom Turnier heim. Sie wurden Stadtmeister und ohne jegliche Turniersucht hatten sie nach dieser Saison über 30 Schleifen erritten. Übrigens geht Wilhelmine barhuf.

Wilhelmines Springsattel: Die Sattelkissen laufen frühzeitig aus dem Rücken heraus. Der tiefste Punkt setzt den Reiter nahe an den Widerrist.

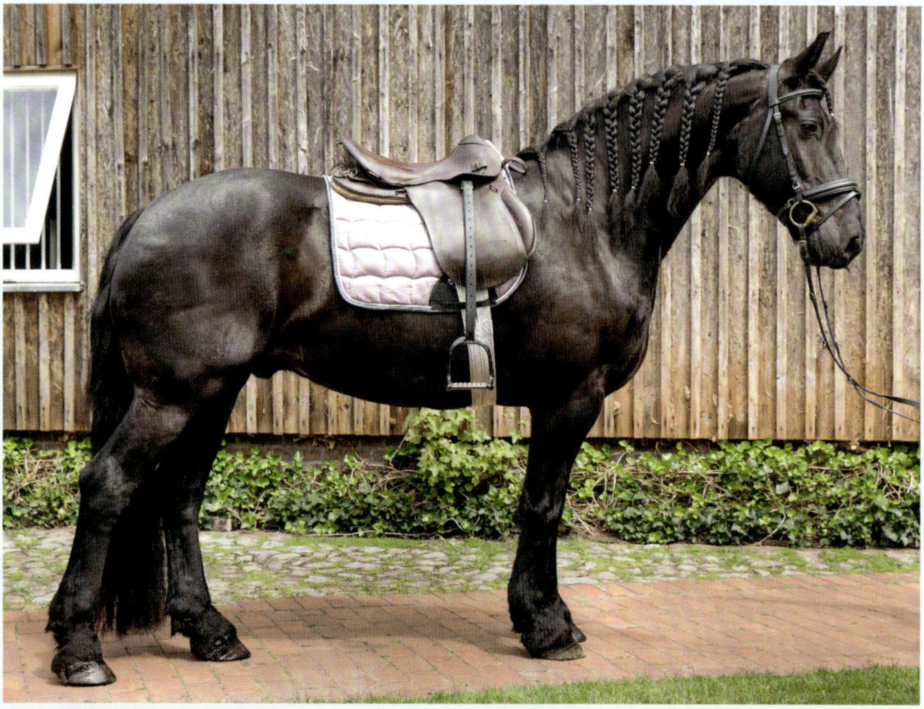

Der alte Militärsattel mit großer Kammerweite wurde neu befüllt und ist eine reelle Lösung für Zorro.

ZORRO

Zorro ist ein zehnjähriger Friesenwallach und aufgrund seiner Körpermasse eine echte Herausforderung.

Nachdem ich ihn osteotherapeutisch behandelt hatte, staunte ich über seine Bewegungsqualität. Seine Reiterin hat selber erhebliche körperliche Beschwerden und vertraut nur ihrem Friesen – trotz seiner Größe – so sehr, dass sie ihn unbedingt reiten möchte. Ein Maßsattel kam bei dem geringen Reiteinsatz nicht in Frage, aber woher sollte ein Sattel kommen, der auf diese massige Schulterpartie passt?

Eine Bekannte brachte den Militärsattel M25 mit, der also nach 1925 gebaut wurde. Ehe wir wagten, die Besitzerin reiten zu lassen, bin ich selbst aufgesessen. Nicht schlecht erstaunt war ich über unser durchaus elegantes Erscheinen, welches ich beim Reiten im Spiegel der Halle betrachten konnte. Schritt, Trab und Galopp waren beeindruckend gut, und nachdem auch die Besitzerin den zwar wirklich harten, aber sehr korrekt gebauten Sattel ausprobiert hatte und bestätigte, dass sie darin sitzen konnte, war eine außergewöhnliche, aber reelle Lösung für Pferd und Reiter gefunden. Kommt das Gewicht in die Bügel senkt sich der Sattel vorne noch etwas ab.

Gegurtet wird mit einem Kordelgurt, die hintere Strupfe wird weniger fest gezogen.

BESS

Die damals sechsjährige Trakehner Stute Bess kam auf Empfehlung des Tierarztes zur osteotherapeutischen Behandlung zu mir. Die Reiterin schilderte, dass ihr Pferd immer mit dem Kopf schlägt und auf zwei Hufschlägen geht, seit sie geritten wird. Am linken Vorderhuf hatte sich ein Hornspalt entwickelt. Außerdem hatten sich an drei Röhrbeinen Exostosen, das sind überbeinähnliche Knochenzubildungen, entwickelt.

Osteopathisch ergaben sich folgende Befunde: Der letzte Lendenwirbel war auf der rechten Seite blockiert, der 4. und 5. Halswirbel links, der 5. Halswirbel rechts und der 7. Halswirbel links. Rechts und links des Widerrists waren deutliche Gewebeaufquellungen zu fühlen, die der Stute bei Druck sichtbar Schmerzen verursachten. Am Übergang von der Brust- zur Lendenwirbelsäule waren ebenso schmerzhafte Verspannungen zu fühlen wie am linken Kiefergelenk.

Der Dressursattel, der von einer Sattlerin für dieses Pferd angepasst worden war, erzeugte solche Druckstellen am Widerrist und Rücken, dass ich der Besitzerin riet, ihn zu reklamieren. Er wurde zurückgenommen.

Nachdem Bess osteopathisch behandelt worden und die Reiterin ein Übungsprogramm zur Weiterbehandlung der Muskulatur zu Hause erhalten hatte, vermaß ein Sattlermeister den Pferderücken und Bess erhielt nach ca. 12 Wochen einen nun passenden Sattel. In dieser Zeit führte die Reiterin viele Muskel lockernde Übungen durch, ließ das Pferd im Wechsel frei laufen, longierte es, nahm gymnastizierende Bodenarbeitslektionen vor und nutzte so die Zeit, dass sich das Pferd wirklich erholen konnte. Erstaunt berichtete sie, dass der Hornspalt vorne links mehr und mehr verschwand und das Pferd offenbar Muskeln aufbaute, obwohl es nicht geritten wurde. Das ist aber keineswegs verwunderlich, denn wenn sich ein Pferd mit seinem Körper frei bewegen kann, entwickelt sich auch die Muskulatur, und zwar harmonisch. Seit Bess mit dem passenden Sattel geritten wird, ist das Problem Kopfschlagen verschwunden. Die Stute geht nicht mehr auf zwei Hufschlägen, sondern kann problemlos beim Reiten gerade gerichtet werden. Der Hornspalt hat sich völlig zurückgebildet und ist nie wieder aufgetreten. Pferd und Reiterin absolvierten in der Zwischenzeit Vielseitigkeitsprüfungen. Zurzeit pausieren sie, weil beide Nachwuchs bekommen haben.

Dieser Sattel ist für Bess zu lang und setzt die Reiterin zu weit nach hinten.

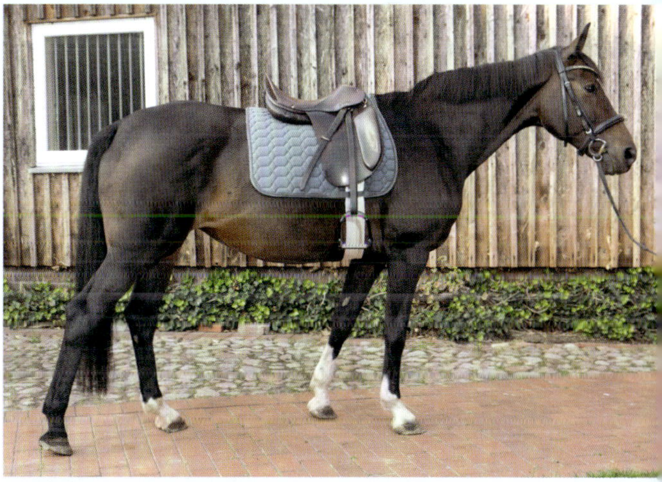

Mit dem kürzeren Sattel, der die Reiterin näher an den Widerrist setzt, zeigt Bess beim Reiten ein deutlich aktiveres Hinterbein, das weiter nach vorne durchschwingt.

SERVICE

— *Was noch hilfreich ist*

ZUM WEITERLESEN

Gösmeier, Dr. med. vet. Ina: **Die fünf Pferdetypen in der Traditionellen Chinesischen Medizin**; KOSMOS 2019
Aus der Sicht der TCM haben Krankheiten oder Verhaltensstörungen immer einen körperlichen und einen mentalen Aspekt. Physische und psychische Probleme stehen in Verbindung zueinander. Die Traditionelle Chinesische Medizin behandelt deshalb immer ganzheitlich. In diesem Ratgeber beschreibt die renommierte Tierärztin Dr. Ina Gösmeier die fünf Pferdetypen und ihre individuelle Behandlung. Der Leser lernt, sein Pferd einem Typ zuzuordnen, und erfährt, wie er gesundheitliche Symptome und Verhaltensprobleme seines Pferdes lösen kann.

Higgins, Gillian: **Anatomie, Gymnastizierung, Muskelaufbau**, Die besten Übungen am Boden; KOSMOS 2017
Die Erfolgsautorin beschreibt auf ihre gewohnt anschauliche Art die besten Boden-Übungen zur Gymnastizierung und zum Muskelaufbau des Pferdes. So bleibt der Pferderücken gesund und locker. Mit klar strukturiertem Seitenaufbau, prägnanten Texten und Fotos zu jedem Übungsschritt. Extra: Anatomische Übersichten von Skelett und Muskulatur. Das Plus zum Buch: Die kostenlose KOSMOS-PLUS-App mit Filmen zu ausgewählten Übungen.

Higgins, Gillian & Stefanie Martin: **Anatomie verstehen – besser reiten**, Bewegungsabläufe sichtbar gemacht; KOSMOS 2010
Erstmalig werden in diesem Buch die Bewegungsabläufe des Pferdes anschaulich erklärt. Die aufgemalten Muskeln und Knochen machen die Bewegungen des Pferdes sichtbar und führen zu einem besseren Verständnis der Biomechanik. Bewegungsanalysen und praktische Übungen zum Aufbau von Muskulatur machen das Buch zu einem unentbehrlichen Wegweiser für alle aktiven Reiter.

Higgins, Gillian: **Anatomie verstehen – Die Organe des Pferdes**, Das Innere des Pferdes sichtbar gemacht; KOSMOS 2018
Gillian Higgins' Buch aus der Erfolgsserie „Anatomie verstehen“ macht sichtbar, wie der Pferdekörper als Ganzes funktioniert und wie einzelne Organe zusammenarbeiten. Es ergründet die zwölf anatomischen Systeme in einzigartiger, bewährter Form durch Abbildungen, die direkt auf den Körper gezeichnet sind. Ausführlich erklärt die erfahrene Physiotherapeutin die Funktion jedes Organsystems und stellt einen unmittelbaren praktischen Bezug zur Pferdegesundheit und zum richtigen Training her.

Gillian Higgins: **Anatomie verstehen – gesundheitsfördernd reiten**; KOSMOS 2017
Das neue Buch von Gillian Higgins beschreibt die Ausbildung von Pferden und die einzelnen Dressurlektionen und Springübungen aus anatomischer und biomechanischer Sicht. Erstmals wird auch die Anatomie des Reiters miteinbezogen. Praktische Übungen zur Verbesserung der Beweglichkeit, Körperhaltung und Stabilität bringen Pferd und Reiter in die Losgelassenheit und Balance, verringern Muskelprobleme und reduzieren das Verletzungsrisiko. Auch als E-Book erhältlich.

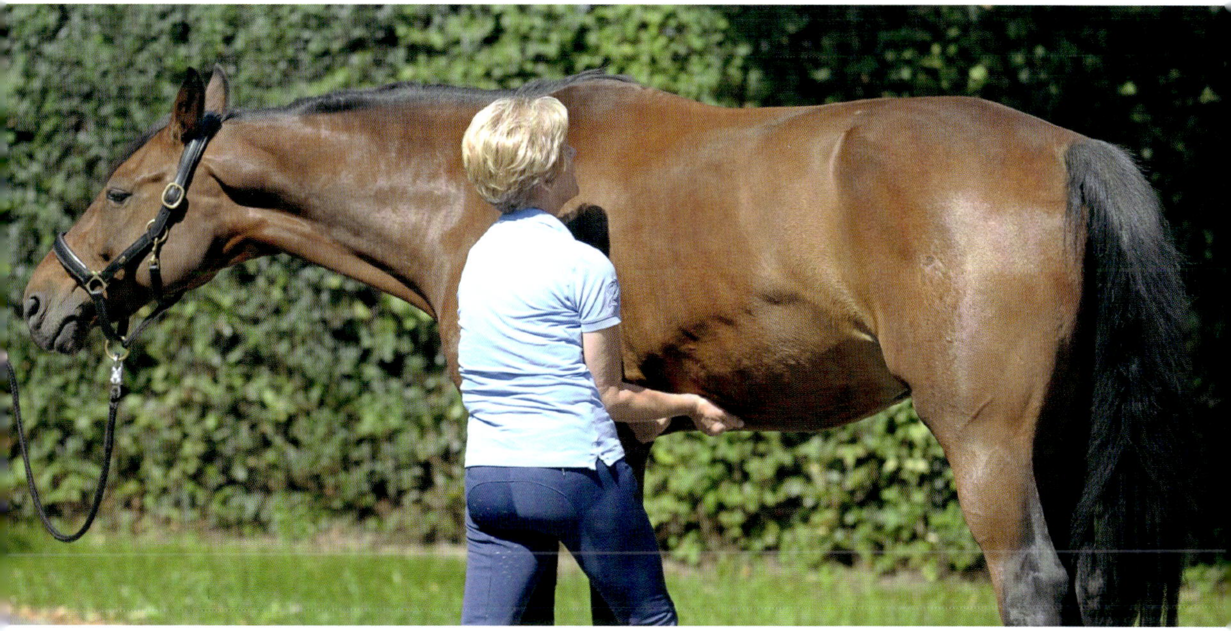

Klimke, Ingrid / Klimke, Reiner: **Grundausbildung des jungen Reitpferdes**, Dressur, Springen, Gelände; KOSMOS 2019
Der Name Klimke steht für eine pferdegerechte und vielseitige Ausbildung. Die ersten Monate und Jahre unter dem Sattel legen den Grundstein für die Zukunft eines Reitpferdes. Jedes Pferd, ob es im Sport eingesetzt oder in der Freizeit geritten wird, braucht eine solide und fundierte Grundausbildung, damit es seine Aufgaben unter dem Reiter zuverlässig, motiviert und bei bester Gesundheit erfüllen kann. Kein Buch beschreibt die Grundausbildung junger Reitpferde so fundiert wie dieser Klassiker.

Klimke, Ingrid: **Reite zu Deiner Freude**, Grundsätze meiner Pferdeausbildung; KOSMOS 2021
Bei Ingrid Klimke haben Pferd und Mensch Freude am Training. Kernpunkte ihrer pferdefreundlichen Trainingsphilosophe sind Cavaletti-Arbeit, Dressur, Springen und Reiten im Gelände. Am Beispiel ihrer eigenen Pferde gibt sie wertvolle Tipps zur Förderung des jeweiligen Pferdecharakters.

Klimke, Ingrid: **Cavaletti – Aufbauten und Abmessungen**, KOSMOS 2021
Für Ingrid Klimke ist das Reiten über Cavaletti fester Bestandteil des täglichen Trainings. Sehr wichtig sind hierbei die richtigen Abstände zwischen den Cavaletti, die korrekten Aufbauten und Abmessungen. Nur dann erzielt Cavaletti-Arbeit den gewünschten Trainingseffekt. Dieser Ratgeber bietet einen schnellen Zugriff auf alle wichtigen Aufbauten und Abmessungen.

Hölzel, Petra / Schöffmann, Britta: **Pferdeführerschein – Umgang**; KOSMOS 2020
Wer ein offizielles Abzeichen im Pferdesport ablegen möchte, muss vorher den Pferdeführerschein Umgang in der Tasche haben. In diesem optimalen Prüfungsvorbereiter werden alle vorgeschriebenen Themen zum Pferdeverhalten, Pflege, Haltung und Gesundheit ausführlich und praxisnah behandelt. Der bewährte Wissens-Check im Frage-und-Antwort-Verfahren zeigt, welche Fragen zu erwarten sind, und hilft, das Gelernte zu vertiefen. Von Reitlehrerin, Prüfern und Prüflingen empfohlen!

Meyners, Eckhart / Müller, Hannes / Niemann, Kerstin: **Reiten als Dialog**, die Verknüpfung von Reit- und Bewegungslehre; KOSMOS 2020
Hacken tief, Kopf hoch, Kreuz anspannen – so klingt es in vielen Reitschulen, dabei gibt es modernere Konzepte. In dieser Reitschule erklärt das hochkarätige Autorentrio, warum es beim Reiten nicht auf die äußere Form, sondern auf das Entwickeln von Fertigkeiten ankommt. Mit ihrem einzigartigen Ansatz geben sie der Ausbildung von Reiter und Pferd eine handlungsorientierte Struktur, die es ermöglicht, in einen gefühlvollen Dialog mit dem Pferd zu treten.

Putz, Michael: **Die Reitabzeichen**, Prüfungswissen der FN für Theorie und Praxis; KOSMOS 2021
Dieser Ratgeber zu den Reitabzeichen 5 bis 1 der FN ist auf dem neuesten Stand der aktuellen APO, LPO und WBO und liefert aktuelles Wissen zur praktischen und theoretischen Prüfung. Ganz gleich, ob es um Prüfungsbestimmungen, die Beurteilung der Dressuraufgabe , Springparcours oder die theoretische Wissensabfrage in Frage und Antwort geht, hier ist alles zu finden.

Wilsie, Sharon/Vogel, Gretchen: **Sprachkurs Pferd**, Pferdesprache lernen in 12 Schritten; KOSMOS 2018
Jedes Zucken von Ohr oder Nüster, jede Bewegung des Pferdes hat eine Bedeutung. Pferde reden mit uns, doch die meiste Zeit übersehen wir diese Signale. Mit diesem Übersetzungshelfer lernen wir, die Sprache unserer Pferde zu verstehen und uns mit ihnen so zu unterhalten, dass sie unsere Wünsche verstehen und sich verstanden fühlen.

Wilsie, Sharon: **Mit Pferden sprechen**, Erfahrungen aus dem Alltag mit Pferden; KOSMOS 2019
Nach ihrem bahnbrechenden „Sprachkurs Pferd“ zeigt Sharon Wilsie nun die Praxis des „Horse Speak“ im Alltag. Anhand vieler Geschichten und Fallbeispiele demonstriert sie, wie die Pferdesprache im täglichen Umgang mit dem Pferd – am Boden oder im Sattel – richtig eingesetzt wird. Es wird deutlich, wie zu jedem Pferd eine vertrauensvolle Beziehung aufgebaut werden kann.

Wilsie, Sharon: **Sprachkurs Pferd**, Das Trainingsbuch. KOSMOS 2023
Im „Sprachkurs Pferd“ hat Sharon Wilsie gezeigt, wie es gelingt, eine ganz wundervolle Verbindung zwischen Mensch und Pferd zu schaffen. Nun geht es weiter: Horse Speak® unterstützt Reiter auch bei der täglichen Arbeit mit dem Pferd. Die Sprache des Pferdes zu verstehen und in den Dialog mit ihm zu treten, hilft dabei, das Pferd sicherer zu machen und es weiter auszubilden.

LITERATURLISTE

Langen, Barbara/Schulte Wien, Beatrix: Osteopathie für Pferde – Grundlagen und Praxis; Sonntag Verlag 2013

Bürger, Udo/Zietzschmann, Otto: Der Reiter formt das Pferd – Tätigkeit und Entwicklung der Muskeln des Reitpferdes;, FNverlag 2003

Schöffman, Britta/Balkenhol, Klaus: Dressurausbildung nach klassischen Grundsätzen; KOSMOS 2007

Simonds, Mary Ann/Meyer, Dr. med. vet. Dorothe: Stress bei Pferden – erkennen und behandeln; KOSMOS 2007

Fischer, Martin S./Lilje, Karin E.: Hunde in Bewegung; KOSMOS 2012

NÜTZLICHE ADRESSEN

DIPO
Deutsches Institut für Pferdeosteopathie
Hof Thier zum Berge
Mitwick 32
D-48249 Dülmen
Tel. +49-(0)2594-78 227- 0
Fax: 02594/ 78 227 27
osteopathiezentrum.de

Deutsche Reiterliche Vereinigung e. V. (FN)
Freiherr-von-Langen-Str. 13
D-48231 Warendorf
Tel. +49-(0)2581-63620
pferd-aktuell.de

Österreichischer Pferdesportverband (OEPS)
Am Wassersprung 2
A-2361 Laxenburg
Tel.: +43-(0)2236-710600
oeps.at

Schweizerischer Verband für Pferdesport (SVPS)
Papiermühlestr. 40 H
Postfach 726
CH-3000 Bern 22
Tel. +41-(0)31-3354343
fnch.ch

ALLES FLIESST

Der philosophische Gedanke vom ewigen Wechsel der Dinge, von der unaufhörlichen Bewegung, dem „Alles fließt", gilt in besonderem Maße für die Osteopathie. Dabei ist nicht nur das Fließen des Blutes oder der Lymphe durch den ganzen Körper gemeint, sondern auch das Fließen der Nährstoffe in das Zellinnere und das der Abfallprodukte des Stoffwechsels aus eben dieser Zelle heraus. Hormone fließen. Die Bewegungen gesunder Muskeln sind fließend. Dieser Fluss kommt nur zustande, wenn die Impulse über die Nerven ungehindert in den Muskel fließen können, der sich daraufhin an- bzw. entspannt. Jeder Gedanke kann nur gedacht werden, wenn die Nervenleitungen die entsprechenden Signale im Gehirn fließen lassen. Je harmonischer abgestimmt alles fließt, umso feiner können sich Koordination und Wahrnehmung entwickeln.

IN GUTEN HÄNDEN

Für die Osteopathie ist viel Übung und Erfahrung nötig, um minimale Bewegungen der einzelnen Schädelknochen oder der unterschiedlichen Körpergewebe zu fühlen. Diesen Tastsinn kann man trainieren. Als DIPO-Dozenten erleben wir Jahr für Jahr die Entwicklung des verfeinerten Fühlens bei unseren Kursteilnehmern. Zu Beginn der Ausbildung besteht häufig die Vorstellung, dass man große Teile des Pferdekörpers bewegen müsse. Im Laufe der zweijährigen Weiterbildung zum Pferdeosteotherapeuten ist es beeindruckend zu sehen, wie die Griff- und Untersuchungstechniken sensibler und differenzierter werden, sich die Pferde als Antwort darauf sichtbar entspannen und der sie behandelnden Hand Vertrauen entgegenbringen.
Es bedarf aber auch erheblicher hippologischer Kenntnisse, um die Ausdrucksweise eines Pferdes richtig zu verstehen. Leider erleben wir viel zu häufig, wie es hier zu Missverständnissen und damit zu Problemen kommt, die vermeidbar wären (übrigens auch beim Reiten). Ein großer Teil unserer Arbeit besteht deshalb auch in der Vermittlung der Verhaltenskunde von Pferden sowie in der Beratung zum richtigen Equipment.
Wir Autorinnen hatten das Glück, schon als Kinder von dem Reitlehrer Josef Wiechert angeleitet zu werden, der uns ebenso wie sein Nachfolger, Theorieunterricht erteilte. Diese Wissensvermittlung sucht man heute vergeblich, und deshalb gehört die Reitlehre, ebenso wie die Sattelkunde, zum Ausbildungskonzept des DIPO dazu.
Dankbar sind wir Persönlichkeiten wie Reitmeisterin Ingrid Klimke und Reitmeister Klaus Balkenhol, dass wir mit unseren Kursteilnehmern zu ihnen auf die Reitanlage kommen und ihrer pferdegerechten Ausbildung beiwohnen dürfen. Für uns ist das ein fließender Übergang von der Therapie zum Training und wir sind glücklich, mit Fachleuten unterschiedlicher Disziplinen zusammenarbeiten zu können. So erhalten wir stets neue Motivation und Impulse, entwickeln Therapien weiter und geben all das an unsere Kursteilnehmer weiter. Dafür danken wir auch unseren motivierten Dozenten und Dozentinnen, die ihr Fachwissen mit uns teilen und jederzeit zu regem Austausch bereit sind.
Wir hoffen, dass wir Ihnen, als Leser dieses Buches, einen Einblick in unsere Arbeit geben konnten, und wünschen uns, dass Sie Anregungen mitnehmen, wie Sie Ihrem Pferd Gutes tun können, damit es sich bei Ihnen, im wahrsten Sinne des Wortes, „in guten Händen" fühlt.

DANKE

Dieses Buch konnte in der vorliegenden Form nur entstehen, weil ein Team von empathischen Menschen fließend zusammengearbeitet hat. Sehr herzlich möchten wir uns bei ihnen bedanken, vor allen Dingen bei unserer Lektorin des Kosmos Verlags Frau Birgit Bohnet, die uns mit vielen Ideen, Gestaltungsvorschlägen zu Inhalten und zur Struktur des Buches über den gesamten Entstehungszeitraum begleitet und konstruktiv beraten hat. Unser Dank gilt ebenso Frau Conny Reisberg, die als Nichtreiterin und Koordinatorin unsere Texte abgestimmt und manche der von uns gewählten medizinischen Gewohnheitsterminologien in allgemeine verständliche Begriffe überführt hat. Die meisten Fotos dieses Buches haben wir dem Fotografen Horst Streitferdt zu verdanken, der mit Geduld und Freude immer zum richtigen Zeitpunkt die passende Perspektive gewählt hat, sodass wir genau die Fotos erhalten haben, die wir uns gewünscht hatten. Herzlichen Dank! Trotz sorgfältig erstellter Fotoliste mussten wir feststellen, dass wir für bestimmte Ausführungen weitere Fotos benötigten. Für diese Sonderwünsche war stets der Fotograf Rainer Weppelmann zur Stelle, dem wir für seine spontane Unterstützung und guten Ergebnisse vielmals danken. Nicht zu vergessen sind die Grafiken, die von der Tierärztin und Pferdeosteotherapeutin Yvonne Oppert eigens für dieses Buch erstellt wurden. Ihr Wissen um Bewegung und Biomechanik findet sich in ihren Grafiken wieder, die sehr zum Verständnis dieser komplizierten Materie beitragen. Dafür bedanken wir uns sehr herzlich. Herzlichen Dank sagen wir auch unserer Kollegin Pia Ernst, die sich neben der Pferdeosteopathie auf die Anpassung von ergonomischen Sätteln spezialisiert hat und sich viele Stunden für die Sattelfotos zur Verfügung stellte. Immer, wenn es um Akupunktur oder Akupressur ging, konnten wir die Tierärztin Fatma Ormeloh ansprechen. Sie hat auch den Text über die Akupressurpunkte für dieses Buch geliefert. Herzlichen Dank dafür! Einschließen in unseren Dank möchten wir auch Christine Nölke, die unser Team seit der DIPO-Gründung bereichert und konstruktiv wie kritisch diverse Texte und Fotos dieses Buches begleitet hat. Dass sich die Pferde dem Fotografen stets gestriegelt und gebürstet präsentiert haben, ist das Verdienst von Birgitt Müller, der Pferdewirtin des DIPO, der wir dafür vielmals danken.

Persönlich möchte ich mich bei meinem Mitarbeiter Philipp Schlüter bedanken, den ich immer wieder „mein Gehirn" genannt habe, wenn es um digitale Belange ging und ohne dessen Unterstützung ich schwerlich meine Verpflichtungen hätte einhalten können. Meinem ganzen Büroteam möchte ich auch danke dafür sagen, dass es mir den Rücken frei gehalten hat, wenn ich mich in Schreibklausur zurückgezogen habe, und dafür gesorgt hat, dass trotzdem alles fließt.

Wir sind dankbar und glücklich, dass uns so viele kreative, motivierte und ideenreiche Menschen begleitet haben.

Beatrix Schulte Wien mit ihrem selbstgezogenen Wallach Siam

DIE AUTORINNEN

BEATRIX SCHULTE WIEN

Beatrix Schulte Wien, Jahrgang 1952, unternahm die ersten Reitversuche auf Asta, der letzten Kaltblutstute auf dem elterlichen Hof in Dülmen/Westfalen. Als zu Beginn der sechziger Jahre eine Reithalle in Dülmen errichtet wurde, durfte sie an Voltigierstunden teilnehmen, ehe Reitlehrer Josef Wiechert, ein erfahrener ostpreußischer Pferdemann, vorschlug, dass sie in die Reitgruppe wechseln solle. Welch ein Glückstag!

Der plötzliche Tod des Vaters war ein schmerzhafter Einschnitt für die ganze Familie. Das Geld für die Reitstunden wurde nun neben der Schule her verdient. Dies blieb auch während der Ausbildung so, die Reitstunden fanden nun aber an der Westfälischen Reitschule in Münster statt. Leiter war zu der Zeit Major a. D. Paul Stecken, der auch Reiner Klimke und später Ingrid Klimke trainierte. Zu ihm hielt Beatrix Schulte Wien bis zu seinem Tod regelmäßigen Kontakt. An der „Westfälischen" absolvierte sie im Anschluss an das Staatsexamen als Physiotherapeutin auch die Amateurreitlehrerausbildung mit Erfolg und kaufte sich nach ihrer Niederlassung als selbstständige Physiotherapeutin schließlich ihr erstes Pferd. Softy und später Eddy wurden ihre Lehrmeister.

Mitte der neunziger Jahre schloss Beatrix Schulte Wien ihr Nachdiplomstudium als Humanosteopathin ab und gründete auf dem Hof in Dülmen 1997 das erste Fortbildungszentrum für Pferdeosteopathie in Deutschland. Von Anfang an wurde hier ein hohes Niveau angestrebt, was sich auch im Motto des DIPO (Deutsches Institut für Pferdeosteopathie) äußert: „Tierarzt und Physiotherapeut – Partner in der Therapie". Besonders am Herzen liegt Beatrix Schulte Wien aber auch die hippologische und physiotherapeutische Weiterbildung von Menschen, die versiertes Pferdewissen suchen und sensibel und artgerecht mit ihren Pferden umgehen wollen.

Mit über 40 Dozenten in Nordrhein-Westfalen, Baden-Württemberg, Berlin und Niedersachsen ist im DIPO ein Team gewachsen, das mit großer Erfahrung, Freude und fundiertem Wissen in Kursen all das vermittelt, was dem Wohl des Pferdes dient, gemäß dem goetheschen Zitat: „Was ihr nicht erfühlt, ihr werdet's nicht erjagen."

IRINA KELLER

Irina Keller, geb. Hamsen, Jahrgang 1978, ist in Merfeld (Dülmen) aufgewachsen. Ehe sie auf der Ponystute Farah das Reiten bei ihrer Mutter lernen durfte, mussten Sitz und Gleichgewicht im Dülmener Reitverein in den Voltigierstunden geschult werden.
Als Kleinste durfte Irina der Voltigiergruppe beitreten und bestritt auf Marrasch, einem Wallach mit 1,80 Stockmaß, die ersten Turniere. Früh qualifizierten sich die beiden auch im Einzelvoltigieren für die westfälische Meisterschaft, doch eine schwere Rückenoperation verhinderte die Teilnahme. Reiten und Voltigieren durfte sie danach mehr als zwei Jahre nicht mehr. Korsett und Physiotherapie waren wohl prägend für die Entscheidung, selbst Physiotherapeutin zu werden: Nach dem Staatsexamen 2003 begann Irina Keller ihre Ausbildung zur DIPO-Pferdeosteotherapeutin. Seither ist sie als Dozentin im DIPO tätig, die Ausbildung zur Humanosteopathin folgte. Das Wissen wird in den Sport integriert, denn ein besseres Gesundheitsmanagement für die Voltigierpferde liegt Irina Keller am Herzen. Vorträge, Trainerschulungen und das Sensibilisieren der Kinder und Jugendlichen für die Bedürfnisse der Pferde gehören zu ihren Lieblingsthemen.
Ganz nach dem osteopathischen Motto „Alles Leben ist Bewegung“ verwirklichte Irina Keller 2003 ihren großen Traum mit ihrem eigenen Pferd Aaron und ihrer Schwester Gritt an der Longe. Berufen in den westfälischen Landeskader nahmen sie an der Deutschen Meisterschaft der Einzelvoltigierer in Aachen teil. 2005 war Aaron als „Übungspferd“ für die Ausbildung im DIPO zu Höchstleistungen bereit. Prämiert als bestes Voltigierpferd der Westfälischen Meisterschaft in Greven holten die drei auch die Goldmedaille heim. Mit dem begnadeten Trakehnerschimmel Welcome (und ihrer Schwester an der Longe) startete Irina Keller international in Saumur und in Ermeloh und rundete damit 2008 ihre Turnierzeit mit neun westfälischen Meisterschaften und drei weiteren Deutschen Meisterschaften ab. Mit ihrem Mann, den beiden Töchtern sowie den vierbeinigen Familienmitgliedern lebt sie auf einem Resthof in Coesfeld.

Irina Keller mit dem beliebtesten DIPO-Mitarbeiter: Filou

REGISTER

A

B

C

D

E

F

G

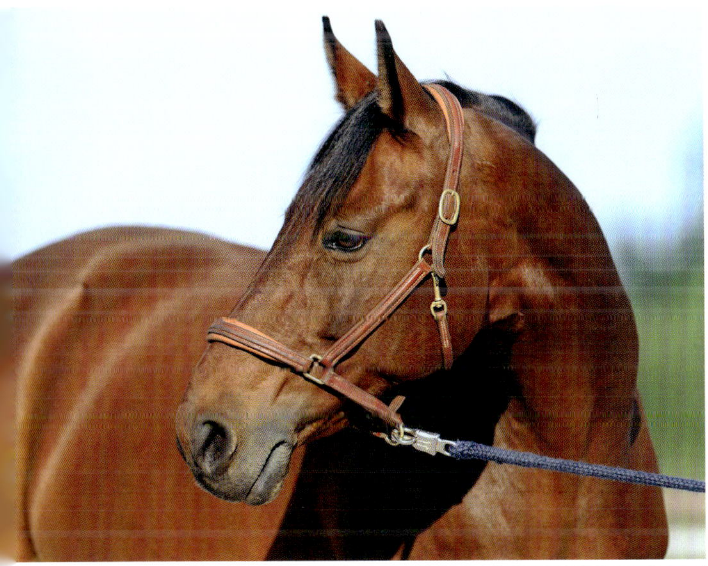

BILDNACHWEIS

105 Fotos wurden von Horst Streitferdt / Kosmos für dieses Buch aufgenommen. Die weiteren Fotos sind ebenfalls von Horst Streitferdt / Kosmos (22, S. 22, 41, 42, 44 o., 45, 49, 51, 53 o., 55, 57 beide, 63, 72, 83, 116 beide, 120, 123, 133 o., 136, 147 o., 162); Horst Streitferdt / DIPO (33, S. 2, 3, 4, 6, 8, 10, 12, 13, 14, 16, 18, 19 alle, 28 o., 31, 33, 36, 48 u., 70, 82, 108, 109, 111, 125 o., 126, 128, 134, 151, 171, 172, 168, 169); Archiv DIPO (30, S. 23 beide, 39 beide, 43, 47, 56, 61, 73, 74 beide, 77 beide, 78, 79, 81, 97 beide, 118, 122 o., 125 u., 131 beide, 132, 133 u.r., 138, 141 beide, 157, 160), Prof. Dr. C. Staszyk, Universität Gießen (2, 119, 122 u.) und von Rainer Weppelmann (7, S. 68 u.l., 69 o.r., 158 beide, 159 beide, 160/161).

Mit 22 Illustrationen von Yvonne Oppert

IMPRESSUM

Umschlaggestaltung von GRAMISCI Editorial Design, Isabelle Fischer, München, unter Verwendung von zwei Farbfotos von Horst Streitferdt/Kosmos.

Mit 199 Farbfotos und 22 Zeichnungen.

Alle Angaben und Methoden in diesem Buch sind sorgfältig recherchiert, erwogen und geprüft. Sie entbinden den Pferdefreund nicht von der Eigenverantwortung für sein Tier und sich selbst. Die Anwendung der beschriebenen Methoden liegt in eigener Verantwortung. Der Verlag und die Autorinnen übernehmen keine Haftung für Personen-, Sach- oder Vermögensschäden, die aus der Anwendung der vorgestellten Materialien und Methoden entstehen.

Unser gesamtes Programm finden Sie unter **kosmos.de**.
Über Neuigkeiten informieren Sie regelmäßig unsere Newsletter, einfach anmelden unter **kosmos.de/newsletter**

Gedruckt auf chlorfrei gebleichtem Papier

ISBN 978-3-440-17732-7
Redaktion: Birgit Bohnet
Gestaltungskonzept: Peter Schmidt Group GmbH, Hamburg
Gestaltung und Satz: Atelier Krohmer, Dettingen/Erms
Produktion: Claudia Frank
Druck und Bindung: Westermann Druck Zwickau GmbH, Zwickau
Printed in Germany / Imprimé en Allemagne

FSC www.fsc.org MIX Papier aus verantwortungsvollen Quellen FSC® C110508